U0131614

愿你学会爱自己

墨多先生

总有一天，你会明白，真正能够治愈你的，从来不是时间或某个人，而是你的格局和释怀。活着，就该逢山开路，遇水架桥。

爱自己，
是人生道路上的修行。
请照顾好那个受伤的自己，
毕竟我们都值得被疼爱。
你要知道，
不管人间值不值得，
你都值得。

人在低谷，不要逢人就诉苦，也不要轻易做任何决定。成年人的烦恼，和谁说好像都不合适，要学会自我消化，想开、看开、放开。睡前原谅一切，醒来便是重生。

山峰自有顶，海洋自有岸。人生起落，自有峰回路转。此刻若你觉得生活苦涩，你要相信，一切终将化作甘甜。

自渡

真希望你能好好爱自己

墨多先生 著

人民邮电出版社

北京

图书在版编目（ＣＩＰ）数据

自渡 ：真希望你能好好爱自己 / 墨多先生著. --
北京 ：人民邮电出版社，2023.12（2024.7重印）
ISBN 978-7-115-63178-7

Ⅰ．①自… Ⅱ．①墨… Ⅲ．①人生哲学－通俗读物
Ⅳ．①B821-49

中国国家版本馆CIP数据核字(2023)第223348号

◆ 著　　　墨多先生
责任编辑　郑　婷
责任印制　陈　犇
◆ 人民邮电出版社出版发行　　北京市丰台区成寿寺路 11 号
邮编 100164　　电子邮件 315@ptpress.com.cn
网址 https://www.ptpress.com.cn
三河市中晟雅豪印务有限公司印刷
◆ 开本：880×1230　1/32
印张：7.125　　　　　　　　2023 年 12 月第 1 版
字数：108 千字　　　　　　2024 年 7 月河北第 14 次印刷

定价：59.80 元

读者服务热线：（010）81055671　印装质量热线：（010）81055316
反盗版热线：（010）81055315
广告经营许可证：京东市监广登字 20170147 号

当我开始爱自己

查理·卓别林

当我开始爱自己，

我发现痛苦和情感困扰是一种提示，

提醒我不要违背自己的本心。

今天我明白了，这叫作"真实"。

当我开始爱自己，

我才发现，试图将自己的欲望强加给别人有多么冒犯，

即使我知道时机不对，对方还未准备好，

即使那个人就是我自己。

今天我明白了，这叫作"尊重"。

当我开始爱自己，

我不再渴望不同的生活，

我感觉到周围的一切都在邀请我成长。

今天我明白了，这叫作"成熟"。

当我开始爱自己，

我明白不管在什么情况下，

我都身处对的时间和地点，

一切都在恰到好处的时刻发生，

所以我能保持冷静。

今天我明白了，这叫作"自信"。

当我开始爱自己，

我不再浪费时间，不再为未来制订宏伟的计划。

今天，我只做能给我带来快乐和幸福的事情，

只做我热爱并让心灵欢喜的事情，

我用自己的方式和节奏生活。

今天我明白了，这叫作"诚实"。

当我开始爱自己，

我摒弃了一切对我健康有害的东西，

无论饮食、人、事情，还是环境，

以及一切让我远离本真的事物。

起初，我称这种态度为"健康的自私"。

今天我明白了，这叫作"爱自己"。

当我开始爱自己，

我不再试图一直正确，不犯错误。

今天我明白了，这叫作"谦逊"。

当我开始爱自己，

我拒绝沉湎于过去，拒绝担忧未来。

现在，我只活在当下，那里一切都正在发生。

就这样日复一日，这叫作"满足"。

当我开始爱自己，

我认识到我的思绪可能会困扰我，让我病倒。

但当我与我的心联结，

我的头脑就成了我宝贵的伙伴。

今天我明白了，这叫作"智慧"。

我们再也不需要害怕争论、对抗，

或者与自己、他人产生任何矛盾。

即便是星星也会相撞，

新的世界会诞生于这次碰撞。

今天我明白了，这叫作"生活"！

序言

年少时，你是否因一次考试失败而辗转难眠、怀疑自己？成年后，你是否因一段不理想的关系而深陷痛苦、难以自拔？你是否曾因自己不完美而感到自卑？你是否曾因他人的评价而委屈不已？……

我从事心理咨询工作十年来，接触过形形色色的案例，我理解那些来访者的脆弱与无助，他们感觉无力与生活对抗，渴望有个人可以救自己于水火。作为一名心理咨询师，我希望自己能成为所有受伤的人走向自愈的领路人，帮助他们获得治愈内心的方法与力量。

我希望你可以"自见"，能够了解自己是如何成为今日之自己的；从幼年到童年直至今日，一路走来，你是否已经清楚地知道了真实的自己是什么样子的。你喜欢什么？你恐惧什么？你想成为什么样的人？你人生的意义是什么？

我希望你可以"自爱"。在看见自己后，能够悦纳真实的自己。我很喜欢《皮囊》里的一句话："我期许自己要活得更真实也更诚实，要更接受甚至喜欢自己身上起伏的每部分，才能更喜欢这世界。我希望自己懂得处理、欣赏各种欲求，各种人性的丑陋与美妙，找到和它们相处的最好方式。"当你真正开始爱自己，你会找到自己人生美妙的韵律。

我希望你可以"自洽"。自洽的人的言行举止符合自身的逻辑，不较劲，不讨好，不纠结于不可改变的事实，不痛苦于无法改变的关系，不焦虑于他人需要背负的课题。自洽是一种高级的自由，它能让你摆脱内耗，在情感上获得舒适。

我希望你可以"自愈"。自愈的关键是转念。你越关注否定、怀疑、愤怒、颓丧等负面情绪，它们就会越活跃。你需要觉察这些负面情绪，并带领自己走出来。一件事情的失败、一个人的负面评价都不能否定你、影响你；

也许你现在还不够完美，但你始终是要向前走的人，你的一生都在不断成长。终有一天，你会开花，你会结果，你会变成令人惊艳的样子。

最后，我希望你可以"自渡"。著名作家三毛曾言："心之何如，有似万丈迷津，遥亘千里，其中并无舟子可以渡人。除了自渡，他人爱莫能助。"人生如河，你恰似一叶扁舟，在岁月的水流中漂浮。这行程好像远得看不到尽头，这条路似乎只有你在踽踽独行。经年累月，你蓦然回首，才发觉自己已越过无数道湍急的河弯，万重叠嶂已被遥遥甩在身后。你获得了一种"轻舟已过万重山"般的释怀心境。这时，你可以像个局外人一样，平静地诉说自己一路上经历的坎坷、受到的伤害、遭遇的恶意，然后笑着望向前方的路。

世间皆苦，唯有自渡。能救你于谷底的，从来不是他人，而是你自己。爱人先爱己，你本身就拥有允许一切发生的力量。人生漫长，在喧嚣中自见，在孤独中自爱，在关系中自洽，在伤痛中自愈，最终在生活中自渡。你要相信，其实一直陪着你的都是那个了不起的自己。

第一章

自见：爱自己，始于向内看见

第二章

自爱：内在和谐，在自身中安居

第三章

自洽：摆脱关系内耗，自在做自己

第四章

自愈：停止情绪内耗，与自己和解

第五章

自渡：逐光而行，活出你想要的模样

自见：爱自己，
始于向内看见

苏格拉底曾说，未经省察的人生不值得过。

我是谁？我喜欢什么？我讨厌什么？什么让我快乐？什么让我悲伤？什么是我心中的爱与怕？生活因何而改变？选择因何而做？对我来说，真正重要的事情是什么？生命的意义是什么？我想做什么样的人，想过什么样的生活？我为什么而活？……人是很复杂的，即使面对自己，也常常心口不一。对自己的觉察，会让我们最终成为想成为的自己。

疗愈内在小孩，别把自己丢在童年

又是一个阴天，在整理好档案资料后，我心血来潮翻出老照片，回顾童年时期青涩的自己。上午暂时没有工作安排，我烧开水泡了一壶热茶。听着外面的隆隆雷声，伴随着幽幽飘散的白色水汽，我不禁陷入了思考。

我们都有过这样的经历：因为内心的彷徨与不安，我们会不由自主地做出一些自己本意并不想做的事情。比如，在工作中，我们总是忍气吞声地接受老板的无端指责、同事的无理指派；在感情中，我们总是患得患失，过度依恋爱人，直至对方无法承担压力，关系崩溃；在生活中，我们总是在意他人的眼光，不敢发脾气或者强硬地处理问题，谨慎地藏好自己性格中不合群的一面。

为什么我们总是一次又一次地陷入同样的困境呢？

周一是阴雨天气，即使把灯全部打开，下午也像夜晚，暗沉沉的乌云似乎要把一切吞噬。一位三十多岁的女性来访者走进我的办公室，她叫白梦[1]。她看上去比实际年龄年轻，形象、气质出众，但眉宇间隐藏着淡淡的忧愁。在我为她拉开咨询室的门时，她一连说了好几次"谢谢"。是什么原因让她走进咨询室呢？

原来，很长一段时间以来，她都被一个问题困扰——她不信任她的丈夫，总是缺乏安全感。白梦在生活中对丈夫百依百顺，却时常担心丈夫会背叛她或者抛弃她。两个人关系越亲密，白梦就越患得患失。一旦丈夫晚上迟迟不回家，她就会开启"电话轰炸"模式，要么担心他有外遇，要么担心他出了意外，把自己与丈夫都折磨得心力交瘁。

一天下午，她看到丈夫的手机上弹出了一条信息：

1　本书中的人名均为化名，如有雷同，纯属巧合。——编者注

"那就今天晚上见。"白梦立刻觉得很不安，她怀疑丈夫有了外遇。她决定跟踪丈夫，看看他到底要去哪里。

她悄悄跟随丈夫来到一家餐厅外，透过落地窗她看到丈夫和一个女人面对面坐着，聊得很开心。她十分愤怒，冲进餐厅质问丈夫为什么要和其他女人约会。丈夫很惊讶，解释说坐在对面的女人是他的同事，他们只是为了工作上的事情见面。那个女人也证实了这一点，并表示自己已经结婚了。

看着女人手机屏幕上一家三口的合影，白梦感到很尴尬，很羞愧。她向丈夫和他的同事道歉，狼狈地跑了出去。在公园的长椅上，白梦在心里不断地谴责刚才冲动的自己。她不明白自己为什么如此不信任丈夫并且敏感多疑。

深入地交谈后，我发现白梦的问题源于她的童年经历。当她还是一个小女孩的时候，她的父亲有了外遇，抛弃了她和她的母亲。她被深深地伤害了，一度认为自己不值得被爱，也不敢再相信任何男人。也就是说，童年的创伤性记忆，使得白梦的心里住着一个受伤的"内在小孩"。

什么是内在小孩

内在小孩是我们人格中最脆弱、最柔软的部分，也是潜意识的组成部分，它拥有每个人幼年、童年及青少年时期的情感记忆，这些记忆不断影响着人成年之后的反应、决策及行为模式。当我们长大成人后，内在小孩仍然存在于我们的心中。也就是说，假如八岁的你因为某件事受过创伤，尽管你现在已经是一个成年人了，但在生活中再遇到类似的事件时，因为之前的伤口还未痊愈，所以那个八岁的你又一次受到了伤害。

白梦的童年经历导致她自我价值感低、遇事容易自我批判。她的内在小孩认为她的情绪是可以被忽略的，外界需要的只是她提供解决问题的能力。但是情绪不会凭空消失，因此白梦在亲密关系中充满了焦虑和危机感。每当白梦看到丈夫和其他女人接触时，她童年时期的情绪和记忆就会被触发，导致她陷入一种无意识且固化的思维和行为模式中。

年幼的孩子经历了创伤事件后，心理层面就会产生伤口。如果家长能采取相应的措施，避免这种情况再次发生或减轻事件所造成的伤害，那么在创伤事件发生后，孩子的伤口会迅速痊愈；反之，如果孩子没有足够可靠的家长以适当的方式帮助他渡过难关，那么伤口不仅无法愈合，还会在他成年后持续伤害内在小孩。

此后，那个曾经受伤的孩子在现实生活中每每遇到挫折时，内在小孩都会跳出来哭泣、嘶吼、哀求，击溃他的自尊、自爱和自我接纳。他可能会用各种方式来逃避或压抑情绪，但是这只是暂时的解决办法，不能真正治愈他的内在小孩。

如何治愈内在小孩

我们如何才能摆脱童年创伤，书写全新的人生脚本呢？

首先，我们要看到自己的内在小孩。他是真实的自我，是最初的自我，代表着我们原始的情感和需要。我们的内在小孩可以是开心的、好奇的，也可以是不安的、害怕的。他可能已经被我们忽略、遗忘、压抑了很久，但他从未离开过我们。他一直在等待我们回头看看他，给他一个微笑、一句安慰、一个拥抱。

我们可以通过回忆自己童年时期的经历，如查看家庭老照片、翻阅儿时旧日记等方式，看见我们内在小孩的样子。我们可以问问自己，我们的内在小孩是什么样子？他喜欢什么？讨厌什么？想要什么？需要什么？看见内在小孩，并不是要我们回到童年，也不是要我们否定父母，更不是要我们找借口逃避责任，只是要让自己更完整、更健康、更幸福。

看见内在小孩，就是要重新建立与自我的联系，重新认识和接纳自己；看见内在小孩，就是要给自己一个机会，一个改变和成长的机会；**看见内在小孩，就是要给自己一个礼物，一个爱和幸福的礼物。**

看见内在小孩后，我们还要做些什么呢？

- **倾听我们的内在小孩。**当我们感到困扰或不适时，我们可以试着与内在小孩对话，了解他在想什么、有什么感受。我们可以用一种温柔和鼓励的态度去倾听他的表达，而不是批评或否定。

- **安慰我们的内在小孩。**当我们的内在小孩受到伤害或感到痛苦时，我们可以提供适当的安慰和支持，让他知道我们在乎他、理解他，想要保护他。我们可以扮演父母的角色，温暖他、关爱他、重新养育他。

- **赞美我们的内在小孩。**当我们的内在小孩做出了积极的行为时，我们要及时给予他真诚的赞美与鼓励，让他知道我们为他感到骄傲和高兴。我们可以扮演朋友的角色，给予他肯定和尊重。

- **满足我们的内在小孩。**当我们的内在小孩有健康、合理的需求时，我们可以尽量去满足他，让他感到安定和快乐。

- **陪伴我们的内在小孩。**当我们有空闲时间时，我们可以与内在小孩一起玩耍、学习、探索，让他品尝友谊和爱的滋味。

此外，还有最重要的一步，就是强化成人自我状态。成人自我状态是比较理想的自我状态。处于成人自我状态时，我们不再被过去的声音影响，也不会被童年的情绪围困，能理性地分析与解决问题，拥有成熟的应对方式。

　　"内在小孩是一切光之上的光，是治愈的引领者。"疗愈内在小孩的意义深远，我们对待自己的内在小孩，应该像对待一个真实的孩子一样。他是我们情感体验的缩影，只有真正地悦纳他，我们才能获得内心的平静和满足。这个过程可能比较艰难，但充满价值。

　　诊疗的最后，我引导白梦用最温柔的语气对自己的内在小孩说一句："我不会把你丢在童年，谢谢你成为我。"

拥抱多面的自我，和谐面对世界

　　若琳在一家知名影视公司做制片人已经整十年了。她在工作中表现得强势且专业，对自己和下属都要求很高，她总是想做到最完美、最成功。若琳在公司里得到了老板和客户的尊重与认可，在业内也小有名气。朋友们都说她活得像电视剧里的职场丽人，又美又飒。

　　在家庭中，若琳却像换了一个人——软弱、总是迁就他人，遇到事情总是想顺从家人，避免冲突。她在家里得不到丈夫的理解和支持，不被孩子关爱和重视，总是怅然若失。

"墨多老师，您知道我在家里多没地位吗？我家的小狗都不听我的指令。"

她不明白自己在职场与家庭中为什么会有这么大的差异，甚至开始怀疑哪个才是真实的自己。

在一杯咖啡的氤氲香气中，我听若琳讲起她的过往。她出生在一个知识分子家庭，父母都是非常严厉的人，一直以来，就以高标准要求她。若琳所受的家庭教育使得她认为自己必须成为一个性格强势、积极进取的人，因为只有这样的人才能在工作和生活中取得成功，得到别人的尊重和赞赏。

然而，她忽略了自己内心深处的另一面——软弱、消极的一面。这一面反映了她对安全、亲密、稳定的需求和渴望，以及对压力、冲突的恐惧和逃避。她内心深处消极的一面在家庭中展现出来，但若琳并不真正地了解和尊重自己的这一面，也不接纳自己的多面性。她认为这是自己的缺点或缺陷，是需要改变或消除的部分。内心的矛盾和冲突，使她厌恶和否定自己。

你真的认识自己吗

自我具有多面性，在不同的关系中，自我会灵活切换。也就是说，在特定的关系中，特定的自我就会呈现。

那个严厉的是你，那个温柔的也是你；那个开朗的是你，那个内向的也是你。你有什么样的表现取决于你对面是什么样的人和当时的氛围如何。

我们的自我是多面的、复杂的、动态的。 如何认识自己的多面性，是成长的重要课题。

认识自己是一段关于存在意义的探索旅程，是对自己内心真相的洞见。 每个人都会对某一面的自我存在不满或恐惧，其实这些都是被误解的自我。如果我们想真正地了解和完善自身，就必须认识自我的多面性。

那么，如何认识自我的多面性呢？瑞士心理学家卡尔·荣格（Carl Jung）提出了一个重要的概念：未发现的自我。

未发现的自我是指那些被意识忽视或排斥，但又具有重要价值和潜力的心理内容。未发现的自我是我们认识自己多面性的关键，也是我们实现自我成长的动力。

荣格认为，如果想探求未发现的自我，就要经历一个自我对话的过程，也就是他所说的"个体化"，即一个人通过与自己的潜意识和集体潜意识的沟通和协调，逐渐形成一个独立、完整、独特的个体。个体化的过程并不容易，它需要我们勇敢并诚实地面对内心深处那些被隐藏或被压抑的部分。荣格将其称为"阴影"。只有当我们能够认识自己的"阴影"时，才能真正地认识自己的多面性，继而实现自我整合。

具体来说，我们可以通过以下几种方法认识自我。

● 做一些心理测试，了解自己的性格、能力、价值观等。

● 用日记、信件、自我对话等方式，记录和表达自己的想法、感受、经历。

● 勇于面对自己的问题，敢于寻求专业的帮助，不逃避现实或者压抑自己。

● 与不同的朋友交流、互动，了解他们对你的看法。

多面自我的协调法则

认识自己只是第一步，更重要的是，我们要根据自己的认识去调整和改变自己。多面皆自我，每个人的心里都住着不止一个"我"。"我"与"我们"的和解，正是每个人必经的心理发育和人格成长之路。在人生旅途中，我们会遇到各种各样的挫折和困惑，这些都是需要我们去处理和解决的问题，同时这也是我们成长和进步的机会。

调整和改变自己并不意味着否定自己，而是为了以和谐的自我去面对世界，以最真实的自我去实现自我价值。**"我与我周旋久，宁作我。"**

一路走来，我们往往会形成一些不利于自我发展的心理模式或行为模式。这些模式可能是从过去经历中习得的一种应对方式，但在现在的情境中却已不再适用或者对我们有害。

因此，我们需要践行多面自我的协调法则——敏锐地觉察，及时地调整和改变心理模式或行为模式，拥有一种更智慧的生活方式，用更好的、更适合自己的方法去实现梦想。

我们可以尝试用以下几种方法来调整和改变自己。

- **用正向思维代替负向思维**。比如，用"我可以试试"代替"我做不到"；用"这是一个机会"代替"这是我的错"；用"我尽力就好"代替"我必须做到最好"等。

- **用灵活思维代替僵化思维**。比如，用"有多种选择"代替"只有一种正确答案"；用"这是可以改变的情况"代替"这是不可改变的事实"等。

- **用积极行动代替消极行动**。比如，用"反馈"代替"抱怨"；用"行动"代替"拖延"等。

- **用合理需求代替过度需求**。比如，用"我需要一些真正关心我的人"代替"我需要所有人都喜欢我"；用"我需要做好力所能及的事情"代替"我需要把所有事情都做到完美无缺"；用"我需要感恩和珍惜某个人或某件事物"代替"我需要永远拥有某个人或某件事物"等。

人生是一段需要不断面对挑战和困难的旅程，我们在这段旅程中不断地寻找自己的方向和目标，不断地正视自己的局限和弱点；我们探索心中的坚定，拥抱多面的自我。**"我依旧敢直面生活的污水，也永远乐意为一轮新月欢呼。"** 只有大胆前行，从容面对，接受真实的自我，才能收获真正的幸福。

心理免疫 X 光片：看见自己的爱与怕

　　"不管我是什么，不是什么——全都是我。不管我所欲，所不欲——所有这一切塑造了我。不管我爱什么，不爱什么——在我内部是同样的渴望。"弗尔南多·佩索阿（Fernando Pessoa）[1] 如是说。

　　翠岚是一名优秀的营销编辑，她能力出众，很享受工作的乐趣。但是在工作中，她始终不善于与人沟通，尤

1　葡萄牙诗人、作家，葡萄牙后期象征主义的代表人物。代表作有《使命》等。

其是在团队协作过程中，她总是觉得自己的想法比别人的更合理，所以很少听取别人的意见，也不愿做出妥协或让步。她认为这样可以保持自己的专业水准和个性，也可以避免不必要的麻烦。

这种行为给她带来了很多困扰。同事们反感她的态度，觉得她固执、不肯合作；上司斥责她的表现，认为她缺乏团队精神和沟通能力，影响了项目的进展和质量；其他公司的合作伙伴也对她深感不满，认为她完全忽视他们的意见和需求，只按照自己的想法做事。翠岚渐渐地开始怀疑自己是否真的那么优秀，是否真的适合这份工作。

朋友建议她与心理咨询师谈谈，进而找到改变自己思维和行为模式的路径，翠岚决定试一试。于是，在一个阳光明媚的午后，她走进了我的咨询室。

了解了翠岚的情况后，我拿出一张四栏表格让她填写。以下内容为四栏表格的题目与翠岚的答案。

- **自己希望达成的行为目标**：与他人更好地沟通和协作。
- **自己与目标相反的行为**：不听取别人的意见，不妥协或让步，只按照自己的想法做事。

- **自己目前的行为可以获得的潜在好处**：保持自己的个性和专业水准，避免不必要的麻烦。
- **潜藏在自己内心的重大假设**：如果听取别人的意见，做出妥协或让步，就会埋没自己的才能和贬低自己的价值，进而失去别人的尊重和认可。

翠岚看着自己填写的表格，豁然开朗。她之所以不愿意与他人沟通和协作，是因为自己内心深处的假设，这种假设使她排斥任何可能威胁到自己的能力和价值的新行为模式，以此来维持心理结构的平衡和稳定。但是，这种行为阻碍了翠岚的成长和发展，也影响了她的人际关系和工作效果。

一张表格让翠岚意识到了自己的问题所在，也明白了自己需要做什么。

她决定改变自己的思维和行为模式。她开始主动听取同事的意见，尊重合作伙伴的观点和需求，做出合理的妥协或让步，按照团队的目标和计划做事。

她发现，这样做并没有埋没自己的才能和贬低自己的价值，反而学到了更多的知识和技能，也提升了自己的创造力和效率。而且，这样做也并没有失去他人的尊重和认可，反而赢得了更多的信任和支持。

随着时间的流逝，翠岚渐入佳境，由衷地感到开心和满足。她问我："墨多老师，这样一个简单的表格就能让工作和生活产生这么大的变化吗？"我对她说："这个表格是一个心理学工具，叫作'心理免疫 X 光片'，可以让人看清自己内心深处的爱与怕，从而找到改变自己的方法。"

什么是"心理免疫 X 光片"

"心理免疫 X 光片"是一种能清晰地展现妨碍改变的心理活动的工具，由哈佛大学研究成人发展方向的心理学家罗伯特·凯根（Robert Kegan）提出。

凯根认为，就像人有一套生理免疫系统，排斥不属于身体的微生物一样，人的心理也有一套免疫系统，它会排斥人采取新的行为模式，以此来维持心理结构的平衡和稳定。

"心理免疫 X 光片"其实就是前文中提到的四栏表，

四栏的内容分别是自己希望达成的行为目标、自己与目标相反的行为、自己目前的行为可以获得的潜在好处、潜藏在自己内心的重大假设。我们可以用这个工具来分析自己想要改变的方面。

通过填写这张表，我们可以发现自己内心真正的爱与怕，以及阻碍我们改变的原因和假设，继而有针对性地调整自己的思维和行为模式，找到改变的突破口。

"爱与怕"是关系中两种最基本的情感，它们决定了我们如何与自己、与他人相处。

如果由"怕"主导一段关系，人与人之间就会出现各种消极的沟通模式和关系模式，这些模式会阻碍我们拥有爱人和感受爱的能力。

从心理学角度讲，内心的恐惧是一种对威胁或危险的情绪反应，这种反应能帮助我们采取适当的行动来保护自己。但是，恐惧有时是不合理或过度的，会导致我们逃避正常的社会情境，影响我们生活质量。

如果我们想改变这些消极的模式，就要打破心理上的壁垒，勇敢地面对自己内心的恐惧，**然后在真实的关系中拥抱爱。**

走上自我探索之路

大多数人都觉得成人应该是理性的。遗憾的是，情感才是一个人最根本的东西。**理性就像是手机上的 App，情感则是 App 底层的操作系统。一旦 App 的操作系统崩溃，App 就无法运行。**

因此，我们非常有必要去进行自我探索，了解自己内心深处的情感——爱与怕。很多时候，我们无法做出改变，并不是因为没有方法或者方法不对，只是因为我们还不够了解自己。我们从小到大早已形成了一系列应对问题的行为模式，而改变需要清晰认识并放弃自己熟悉的行为模式，接受新的行为模式。

心理学家卡伦·霍妮（Karen Horney）针对每个人"改变的愿望"和"不改变的动力"之间的冲突提出过一个经典的比喻："我们想让车运行，却一只脚踩着油门，另一只脚踩着刹车，能量和动力就在这样的空转声中痛苦地消耗着。"当我们用新的行为模式做事时，我们会感到焦虑，为了避免焦虑，我们又回归老的行为模式。而"心理免疫 X 光片"能让我们看到这种冲突，让我们心里真正害怕的东西显露出来，帮助我们发现恐惧和焦虑是由什么触发的，以及我们为了避免恐惧和焦虑而做出的与目标相反的行为。

希腊德尔斐神庙的石柱上镌刻着三条箴言，其中最有名的是第一条——"认识你自己"。

认识自己永远都是改变的第一步。我们应该正视自己内心的爱与怕，不要逃避或否定，试着踏出心理舒适区，获取新的生命体验和感悟，从而改变自己的思维和行为模式。

告别假性独立，别让自己活成孤岛

刚刚结束了一场咨询，来访者是一个独立的姑娘，叫原芮。她有一段让自己引以为傲的经历——靠奖学金和勤工俭学供自己读完了大学，没有花父母一分钱。每次她和朋友们讲起这件事，都会引起一片惊呼和赞叹："天哪，你可真独立，了不起！"

咨询过程中，我听完她的描述，一度认为她是一个真正独立的人。长得美，能力强，收入高；对待感情洒脱、通透，不依附，不纠缠，拿得起，放得下。她把自己的事业和生活都打理得很好，一切井井有条，看上去状态极佳。

直到我问她："当时父母为什么不能给你出学费和生活费呢？"

原芮笑了一下，轻轻地说："指望不上。"那一刻，我分明在她眼中看到了失望和落寞，甚至还有一丝悲壮。

换一个角度去观察原芮的生活，我发现她的朋友很多，生活丰富多彩，但是似乎从来没有哪个朋友接到过她的求助电话。像搬家、组装家具这种比较费力的活儿，即使朋友提出主动帮忙，她也会婉言谢绝，总是一个人搞定；她的每一段恋爱似乎都谈得极其投入，却始终没能建立一段稳定、持久的亲密关系。

她只是一个人，走了一段又一段艰难的路。

在我接待的数千名来访者中，不乏这样的"独立女性"。她们和原芮一样，总是凭着一腔孤勇单打独斗，努力做到"所有问题都自己扛"，羞于求助，耻于依靠。她们极有可能在心理咨询诊断书上看到"假性独立"这四个字。

假性独立的人通常会表现出以下特点：

- 比较要强，渴望成功；

- 在日常生活中，习惯拒绝别人的帮助；

- 耐挫性偏低，遭遇失败常用内归因；

- 与人沟通时，不愿意承认自己的脆弱和无助；

- 夜深人静自处时，深感疲惫，孤独感肆意漫出；

- 缺乏安全感，在关系中喜欢掌控对方，以获得价值感和安全感；

- 认为不会有人在了解真实的自己后还喜欢自己、愿意接纳自己；

- 对他人不抱希望，认为在这个世界上能指望的唯有自己。

假性独立的形成与发展

女性独立，总带着点"不得不"的味道。她们像是孤鸟，带着隐秘的伤口在雨中独自飞行。也许你会好奇，这种迷惑性颇强的假性独立是怎样形成，又是如何发展的呢？

要想回答这个问题，就要回溯婴儿时期父母对她们的养育方式。

我们可以想象一下，襁褓中的婴儿嗷嗷待哺、哇哇大哭，但是妈妈却忙于生计，无法及时回应。如果这种情况屡屡发生，被妈妈忽略的婴儿会是什么感受？著名的英国精神分析学家约翰·鲍尔比（John Bowlby）在他的依恋理论中提到："当婴儿的照料者表现出冷漠和拒绝，这个婴儿会认为，自己不值得被爱且他人是不可靠的，进而压抑对人天然和本能的依赖。"婴儿长大之后，他将形成焦虑型或回避型的依恋模式。

对很多女性来讲，没有人是值得她们信任的，她们必须为自己的内心建造一个坚硬的外壳，以抵御外界的伤害。假性独立是她们使用的一种防御性的自我保护方式。

如果我们一层一层剥开假性独立者的内心，就会发现在坚硬的外壳之内，只剩恐慌、落寞和悲凉。

假性独立与真正独立的区别

假性独立是由恐惧驱动的，它是一种保护自己的方式，其目的是尽量避免自己受伤。假性独立的人因为害怕被拒绝、被背叛，所以隔绝了自己的情感。他们"独立"的原因是他们不相信其他人可以依靠，只相信自己。

然而，真正独立是由愿景驱动的。真正独立的人深信依靠自己的力量可以收获丰盈美好的人生，也懂得适当寻求他人的帮助，获得一定的外界支持，可以帮助自己快速实现目标。**真正独立的人的心理是有弹性的，他们有能力爱别人，也允许自己被爱。**

假性独立的人，内心是紧绷而疲惫的，不敢信任别人，难与他人建立深度和真实的联系。

真正独立的人，内心是自信而松弛的，内在的力量强大，能灵活处理与他人的关系。

假性独立的人，因为经常自己处理各类问题，通常会产生一种自负感。但是一旦他们的生活遭遇变故，比如遭遇人生的至暗时刻或者身体受到极大伤害，他们就会被痛苦和孤独感侵蚀。因为他们发现，自己仍旧渴望别人的关心和帮助。

如何从假性独立到真正独立

"冰冻三尺，非一日之寒。"过往的经历和认知，造就了今天的我们。如果现在我们想拥有全新的可能，可以试着从微小的改变入手，循序渐进地突破自己。

在咨询的尾声，为了帮助原芮改变假性独立，我提出了以下两点建议。

第一点，正视自己的依赖。

实现这个转变的关键，在我看来，在于直面自己——不回避内心真实的渴望，不建立虚假人设，没有人永远强大，每个人都可以有脆弱的时候。独立和依赖从来都不是对立的概念。相反，真正的独立意味着有能力去依赖他人和被他人依赖。

第二点，逐步练习。

我建议原芮可以从一些小事开始练习，试着迈出第一步。这些小事可以小得不能再小，比如找人帮忙拧开瓶盖。行为上的改变会逐步带动认知上的改变。在麻烦别人帮忙做一些事后，谈谈自己的感受是怎样的。

对我们而言，是否有能力向别人求助、能否坦然地说出"我需要你"，影响着我们命运的轨迹和走向。不敢说出自己的需求，是对自我生命能量极大的羁绊和制约。如果能勇敢地说出"我需要你"，我们就会发现，生命的意义从此不同，会发现自己值得被爱、被帮助，值得拥有美好的一切。

细究起来，每个人的生活都是一本书。透过字里行间琐碎的情节，洞悉自己，了解自己，活出生命的韧性与强大，是我们毕生的功课。

你以为的自己不一定是真实的自己

　　某一天傍晚，夕阳从咨询室的窗口照进来。日落的柔光在肩头晕开，让人感觉暖融融的。我送走当天最后一位来访者，接了一杯温水，打开手机准备享受短暂的休息时间。也正是那时，我刷到了一条很有意思的视频，直至现在这条视频的内容我还记忆犹新。

　　视频的内容是视频的策划者找了一位画师帮几位女孩画画像。特别的是，画师与女孩之间隔着一块布，画师完全凭借女孩对自己的描述为其作画。对于自己的样貌，视频中的女孩总是更着重描述自己的缺点："我有一个很宽很大的额头。""我的下巴中间有块凹陷。""我脸上有很多雀斑。"

同时，视频的策划者还找来了几位不熟悉这些女孩的陌生人，让这几位陌生人在看过女孩们的样貌后，向画师描述。然后，让画师根据这几位陌生人的描述，再为女孩们画一幅画像。

令人惊讶的是，这些与女孩们只有一面之缘的陌生人，对女孩们的评价远远高于她们对自己的评价："这位姑娘有一张棱角分明的面庞。""她下巴尖尖的，很好看。""她有一双纯净透亮的眼睛。"

这个视频让我陷入思考，我们明明应该是最了解自己的人，却为何总是关注不到自己的优点，反而会无限放大自己的缺点呢？自视普通甚至平庸的我们，却可能是别人眼中非常出色的人。所以，是不是我们对待自己过于严苛了呢？我们眼中的自己是真实的自己吗？

核心信念，影响自我评价

一个人的自我评价通常和他的核心信念相关。核心信念的形成，又与父母在他幼年和童年时期的养育方式相关。小时候的我们不懂得用什么样的态度去面对世界、评价自己，如果父母倾向于发现我们的优点，弱化对我们缺点的评判，我们会自然而然地内化这一行为方式；但是如果父母执着于不断地纠错，我们也会被这种行为潜移默化地影响。

怀有不同核心信念的人，总是在用不同的眼光看待世界、评价自己。认为"我还不错"的人，通常会将注意力放在自己有优势的方面；相反，认为"我不够好"的人，则会把目光集中于自己欠缺的方面。这就好比我们打开窗户，看到窗外有一座花园，那些有积极核心信念的人总是能看到花园里的色彩缤纷的花儿和高耸的树木，而那些有消极核心信念的人，看到的只有丛生的杂草，内心怎能不难过低落？

我曾有一位同事，总是不愿意相信自己很优秀，一直以来活得小心谨慎，生怕行差踏错。我们曾共同负责策划一场研讨会，经过一个月的精心筹备后，研讨会顺利召开，效果也出乎意料地好。同事们在会后聚在一起庆祝，交流心得与体会。大家喜上眉梢之时，那位同事却表现得有些不自在。过了一会儿，她举杯向大家致歉："多亏大家的配合，研讨会才能顺利召开，非常抱歉，在策划的过程中我给大家添了不少麻烦。"而她所说的"添麻烦"，无非是在策划过程中提出了一些可能存在的问题，为了解决问题，完善策划方案，研讨会推迟了两天召开。但正是因为她提出的这些关键问题，研讨会才进行得如此顺利。

从这位同事身上，我们就可以看出拥有消极核心信念的人在面对困难或挑战时，首先注意到的总是自己的错误、自己的不足，"我不够好"的声音萦绕在他们耳边。殊不知在他人眼里，他们比想象中的自己，优秀太多。

拥抱更好的自己

总是觉得自己不够好的人，到底要如何调整自己呢？

首先，要意识到自己消极的核心信念。比如，你和伴侣出去旅行，因为你的提议，你们一起参观了某个门票又贵又无聊的景点，伴侣大失所望，你自责不已，认为是自己的攻略没有做到位。这个时候，你就要意识到自己产生了消极的核心信念。这种核心信念会让你不断地自我怀疑、自我否定。

其次，在意识到自己的核心信念后，可以利用"饼图技术"来转变自己的信念。简单来说，你可以拿出一张白纸，在白纸上画一个圆形，再在这个圆形上划分出大小不等的几个区域，每个区域代表导致这件事发生的不同原因和所占的比重。还拿上文的例子举例，在圆形划分出来的区域上，你可以分别写下"我判断失误，30%""伴侣不提供任何建议，做'甩手掌柜'，20%""被攻略误导，35%"……这样你就不会再把目光集中在自己身上，把错误全部归咎于自己，而是会从多方面考量，认可自己做得好的那部分。多次尝试后，你会发现耳边萦绕的声音已经从"我不够好"变成了"我还不错"。

很多时候，让我们产生焦虑、抑郁等负面情绪的，往往不是一些客观事实，而是经过我们"翻译"和"解读"事实之后产生的信念。无限放大自己的缺点，只会让我们产生不合理的核心信念，进而影响自我评价。只有不畏惧瑕疵，为内心赋能，才能拥抱更好的自己。

第二章

自爱：内在和谐，在自身中安居

自我接纳并不意味着不思进取、自我放纵，自我接纳是对自己的优点、缺点不加评判地承认，完完整整地接受自己当下的样子，不会因为自己的不足否定自己的价值、苛责自己。全然地接纳自己，是应对这个世界的盔甲。

对自己最好的爱，是接纳

因为工作的关系，很多来访者会向我咨询关于人生的困惑。有人向我讨教如何处理人际关系，也有人难过地告诉我他不喜欢现在的生活，并问我该如何改变。

当你深陷生活的困境时，我特别希望你能够静下心来自我问询。

- 我喜欢自己吗？

- 我能否欣然接纳自己的缺点？

- 我能否接纳一个并不完美，但真实、完整的自己？

　　我始终视"真实"为一个人身上最珍贵的品质，因为"真实"是通往内在智慧的必经之路。能否接纳真实的自己对生命的质量有很大的影响，也在一定程度上决定了人生的高度和宽度。

　　真实的自己，并不是最好的自己，这是很多人不愿意接受的。

　　我的朋友是互联网公司的产品经理，刚过 35 岁。她就像一个永不停转的齿轮，生活已被工作完全占据。朋友们安排在周五晚上 7 点的聚餐，临近 11 点她才姗姗来迟。刚刚加班结束的她先自罚了三杯，才加入其乐融融的集体。

　　聚餐结束时已临近凌晨 2 点，她说自己已经 3 个月没有准点下过班了，长期熬夜，生物钟早就被打乱，现在正是最精神的时候。大家在公园里散步醒酒，她看着夜里的河水静静流淌，半晌才开口："墨多，你知道吗？这几年我总是对自己不满意，憔悴蜡黄的面孔、数不清的白头发、由于腰肌劳损总是佝偻着的身体……大家都说我的工作能力越来越强，人际交往如鱼得水。可是只有我自己知道，我就像一个跑马拉松的人，跑到半途没力气了，只想在路边随处一躺。我家里连面镜子都没有，因为我不想看见那个牺牲全部去投入工作，到头来却一事无成的自己。"

类似她这样的人宛如人群中的"特工"。他们在与人交往的过程中，隐藏了很多真实的想法和性格特点。虽然他们在人前呈现的形象近乎完美，但实际上他们压抑了太多自己的情绪和感受。他们一面在自我冲突、自我否定中消耗生命的能量；一面在外化的伪装中降低生命的质量。这种持续的内耗，导致他们都不需要受什么重大事件的冲击，仅仅应付日常生活就已经疲惫不堪。

其实，不接纳真实的自己是在否定内心中自我不认可的部分，这会使意识中认可的自己和潜意识中不认可的自己分裂开，从而丧失自我同一性。

接纳真实的自己

接纳真实的自己，就意味着要对"完美人设"放手，学会放过自己。

"自我接纳"是美国心理学家高尔顿·奥尔波特（Gordon Allport）提出的概念，它是指个体以积极的态度去接纳自我及自我的一切特征。这是健康人格的一种表现，也是一种欣然接受现实自我的态度。

要注意的是，接纳真实的自己并不意味着不改变自己，而是应该因内在价值而改变自己，不再以外界评价标准来衡量自己的好坏。一旦放下了外界评价标准，我们就再也不需要戴着面具，整个人自然会变得简单又真实。

接纳自我的本质是舍弃，舍弃对生活的过度控制，舍弃对完美自我的幻想和执念。当我们充分接纳真实的自己时，便会活出自己自然的样子。我们会发现周围的人越来越友善，环境越来越宽松、自在，生活的每一刻都熠熠生辉。

活出真我的人，就像涤净沙尘的珍珠，闪耀着自然润泽的光。生命的本真会让我们散发舒适的人格魅力。我们只需先在"爱自己"上下功夫，其他一切自会水到渠成。

如何真正地接纳自己

怎样才能做到真正地接纳自己呢？自我接纳可以逐步

习得，心理学上有一些方法和建议可以帮助我们拥有这项技能。

第一，制定一个自我接纳的目标。

我们要改变自己过往的思维模式，从自我否定中走出来。

我们可以与自己的心灵对话，告诉自己：**"你需要从一个充满责备、质疑和否定的世界中脱离出来，进入一个充满包容、接纳与信任的世界。"** 拥有了这个想法后，我们自然就拥有了自我接纳的目标。

第二，记录自己的优点。

拥有了自我接纳的目标后，我们就要想方设法去实现目标。我们可以每天记录一个自己的优点，充分肯定自我价值，看到自己的长处。渐渐地，我们就会发现自己的潜力和优势，并且愿意发挥自己的潜力和优势，展现自己独有的价值。在生活中，我们也会因常常得到正面回馈而提升自信。

第三，想象与最好的自己进行互动。

闭上眼睛，想象那个最好的自己脱离了身体，看着我们当下的生活。他会希望我们做什么？他会建议我们做什么？这种可视化的分离会让我们脱离当下的痛苦，利用我们内在的自我进行疗愈。

第四，模仿梦想中的自己的样子。

当我们陷入自我否定时，不如先尝试赋予自己价值，把自己想象成梦想中的自己的样子（我们的潜意识会对梦想中的自己产生接纳与认可），然后去模仿他，通过身体力行，不断地模仿，我们也会慢慢地变成梦想中的自己的样子。

我们能在多大程度上接纳真实的自己，就能在多大程度上活出生命本来的状态。之后，"奖励"也会随之而来。很多人总以为，如果他们得到了事业、爱情、财富，他们就能变得更好。事实上，只有自己先变好，才能收获那些东西。而变好的第一步就是：**认识并体验到真实的自己就是最好的。**

接纳真实的自我，保持内心的平静与安宁。**与其用"假我"扮演角色，不如用"真我"纵情生活。**

跳出设定，改写人生剧本

每个人从呱呱坠地开始，一场独属于他的人生大戏便缓缓地拉开了帷幕。

太阳东升西落，四季交换更替，推开名为"人间"的剧目厅，眼前出现的剧本浩如烟海。在懵懵懂懂中，我们登上人生的舞台，待回过神来，早已没有退出的机会。

何谓人生剧本

我的来访者陶桃已经大学毕业工作三年了，但她仍被

"困"在高考后选专业的那一天。她总觉得，如果自己当初选择了另一个专业，现在的人生会更精彩、更圆满。

陶桃自小对艺术和设计有着浓厚的兴趣，一直想报考艺术设计专业。这一专业涉及绘画、雕塑和摄影等领域的学习，但那时，她的家人和朋友都认为陶桃应该选择会计专业，因为这个专业似乎能让她进入一个更稳定、更有前景的行业。陶桃听从了身边人的劝告，最终选择了会计专业，毕业后也得到了一份薪水稳定的工作。

然而，多年过去，陶桃渐渐意识到自己的内心并没有得到真正满足。

"墨多老师，我最近每天晚上都在重复做同一个梦，梦见我在舞台上扮演一个小角色。我明明能够冲到舞台中央当主角，可舞台中央的灯光真的好刺眼，我往后退了一步，从此再也没有一句台词。"

陶桃说，每当她看到身边从事艺术设计的人创作出优秀的艺术作品时，心中总会涌起无法言喻的羡慕和遗憾。她开始想象，如果她当初选择了艺术设计专业，也许现在会过上一种充满创意和激情的生活。

直到一个平平无奇的夏夜，她打开了一个模拟人生的游戏，给那个游戏的主角起了一个和自己一样的名字。

夜深人静时，陶桃常常对着发光的电脑屏幕发呆，看着电脑游戏中的陶桃每天在一个明亮的工作室里写写画画，创作着精美的艺术品，生活丰富多彩，充满了无限可能。

陶桃深夜体验着游戏人物的美好人生，白天又要回归自己枯燥的工作。日复一日，这种反差让她感到越来越痛苦，她感觉自己被分成了两半：一半成为游戏角色，投身艺术创作的海洋，享受绚烂的梦想生活；一半是真实的自己，因为不敢做选择而被困于逃脱不掉的牢笼，至死无法离开。

内心的痛苦逐渐在陶桃身上累积，让她备受煎熬。某天清晨，她在地铁站换乘时远远看到一个很像游戏中的陶桃的背影。她长着和"她"相似的面孔，背着一个大画板，和朋友在楼梯上一起向上走，是那样轻快、自由、幸福。陶桃竭力想追赶，却感到一阵天旋地转，最终昏倒在楼梯旁。据医生诊断，陶桃长期熬夜，身体抵抗力低下，加上受到刺激情绪波动才会短暂陷入昏迷。陶桃醒来后向我描述，她做了一个很漫长、很奇幻的梦。在陶桃的梦中，她看到了每个人的人生都有一部独特的剧本，每个人都在自己的剧中扮演着重要的角色。

人生剧本决定了我们的目标和价值观，影响着我们的决策、行为和态度，引导着我们的人生方向。陶桃之所以痛苦，是因为她认为自己的人生剧本再无改变的可能。而事实上，每个人都拥有改写自己人生剧本的能力。

如何改写自己的人生剧本

第一，倾听自己内心的声音。

要想改写自己的人生剧本，必须以终为始，先明白自己真正的需求，才能找到实现自我价值的方向。

在做任何事情之前，我们都可以询问自己"我是否想要这样做"，倾听自己内心最真实的声音，掌握改写人生剧本的主动权。

第二，探索主线之外的生活。

剧本都有主线，但多姿多彩的人生，从来不会囿于主线。**人生的长度虽然无法更改，但人生的厚度可以由我们自己来书写。**

几年前，我每天都要乘坐地铁上班，一次我不小心坐过了站。察觉之后，我飞奔着下了地铁，准备打车去公司，出了地铁站却意外发现了一片水流潺潺的芳草地。此后，这片芳草地便成了我常去的放松之处。

我们在平淡无奇的生活中总是感觉枯燥乏味，每天重复着同样的工作，接触着同样的人，甚至每次逛街都只去同样的几家店。其实我们完全可以在改变来临之前，先勇敢地改变生活；我们完全可以积极探索主线之外无比精彩的支线故事。

第三，接受生命中的不可改变。

星之昭昭，不若月之曀曀。 每一个人都如星空中闪烁的繁星，虽各不相同，但都有各自的闪光之处。我们应该善于发现自己的闪光点，不必一味与他人比较，坦然面对生命中的不可改变。

陶桃最近不爱登录游戏账号了。一年前，她开始利用业余时间复习，准备考取艺术设计专业的研究生，还把自己制作的艺术作品送给我作摆件。"我本来还想卸载那款游戏，后来想想算了，游戏中的陶桃早早就做出了勇敢的选择，我要向她学习！"上个周末，我在美术馆远远看见了陶桃，她正与艺术家们分享自己的灵感和创意。作为艺术界的新星，陶桃的"重启人生"系列作品受到了广泛的认可和赞赏。

"你要搞清楚自己的人生剧本——不是你父母的续集，不是你孩子的前传，更不是你朋友的外篇。"我们是自己人生剧本的亲历者，也是自己人生剧本的改写者，所以不妨大胆些，让自己的人生精彩纷呈。

摆脱容貌焦虑，美由自己定义

我的咨询室刚刚搬到了十楼，我每天上班都要和其他楼层的员工们一起乘坐电梯。与一般的电梯不同，我们办公楼电梯的右侧是一整面镜子。一般情况下，男士们上电梯后都会主动靠左站，把镜子留给女同事。

一段时间后，我观察到这样一个有趣的现象：女同事们在进电梯后往往会先快速抚平自己因为乘地铁而挤皱的衣服，再理一理头发。接下来，要么对着镜子补一补口红，要么检查一下自己脸上的妆容有没有被蹭花。如果身边有同伴，她们就会开始小声讨论："我的颧骨好高，早上化了半小时的修容都盖不住。""还说呢，你看最近晒得我的胳膊都黑白分明了。""可是你的腰部曲线真的很漂亮。"再反观旁边站着的男士们，他们只是低头看手机或者放空发呆，根本不在意自己的容貌如何。

接着，女同事们还会一起讨论当下的网络热门话题。比如，一个短视频博主发起了"与素颜和解"的挑战活动。"可是她本身就是在化伪素颜妆，不是真的素颜。""算了，算了，不化妆气色太差，我是没办法和素颜和解的。"随着电梯到达楼层后"叮"的一声开门，她们吵吵闹闹地出了电梯，像春日里飞向天空的鸟儿，羽毛鲜亮。只剩下我看着空荡荡的电梯里的镜子，惊觉自己的左鬓又多了几根白发。

什么是容貌焦虑

当我们在谈论"素颜"和"妆容"时，本质上都是在强调"容貌"。

美国社会学家查尔斯·霍顿·库利（Charles Horton Cooley）曾提出"镜中自我"的概念。库利认为，人们通过观察外界对自己的评价和反馈，形成自我认知。

社会评价像一面大镜子影响了我们对自己容貌的评价。受社会审美标准的影响，很多人都会产生容貌焦虑，他们对自己的外貌、体型等身体形象不自信、不认同、不满意，从而陷入焦虑。

成人的焦虑，往往是从不符合大众期望开始的。 很多人之所以出现容貌焦虑，是因为其认知存在偏差：如果我不够瘦、不够白、不够美，别人就不喜欢我了。

与此同时，互联网又进一步放大了容貌焦虑问题。满屏的冷白皮、直角鼻、A4腰、漫画腿，让人们在无意识中拿这些与自身进行比较。**一旦把互联网上的审美内化成对自己的要求，人们的自我认知和对美的追求就特别容易产生偏差。**

困在镜子里的她

禾人是一位小有名气的新晋美妆博主，但她自己却从未想过，她的职业生涯因化妆开始，也即将因化妆结束。

从业一年来，禾人以幽默的讲解风格和专业的化妆技巧收获了很多粉丝。很多条弹幕都在说："禾人完全符合我的审美！""希望我的宝藏博主被更多的人了解、喜欢。"禾人也在看到这些评论后暗下决心要默默努力，希望自己能成为一个更知名、更有影响力的博主。

机会降临在半个月前。某部影视剧热播时，其中一位女性角色的五官、神态与禾人有三四分相似，她做了一期关于该角色的仿妆视频，意外爆火。那条视频是禾人自从业以来播放量最高的一条视频，她也因此收获了不少流量与关注。凌晨看着不断飙升的点赞量、评论数和转发量，禾人当即决定趁热打铁，再多出几期仿妆视频。结果也和她预估的一样，后出的几条视频的数据越来越好，粉丝量在短短一周内就增加了十几万，也开始有广告商找她做产品宣传与推荐。

就在禾人认为事业终于要迎来春天的时候，评论区里陆陆续续出现了很多不和谐的声音。一开始只是有人评论："这个博主的妆容好粗糙，眼妆也太浓了，根本没有借鉴意义。"禾人及时根据评论做了调整。可后来，评论数量越来越多，其中不少人开始评价禾人的容貌和身材。"这个博主的五官好普通，还虎背熊腰的，怎么敢当美妆博主?"从五官到脸型再到身材比例, 她的长相、身材被全盘否定。很多很早就开始关注禾人的老粉丝为她发出的争辩声也被湮没在了无穷无尽的质疑声中。

禾人彻底被容貌焦虑击垮了, 她不再更新视频, 每天坐在镜子前和自己较劲, 对照着一条条恶评在脸上寻找瑕疵。她翻看那些头部美妆博主的视频, 觉得她们永远在闪闪发光, 能在镜头下收获无数粉丝的喜爱。她们皮肤细腻、五官符合大众审美, 身材比例也是禾人梦寐以求的三七分, 不像自己是"五短身材", 每天清晨还会水肿。

禾人打算接受医疗美容手术, 并默默开始节食减肥。心理上的巨大压力, 让禾人的皮肤状态很不稳定。一天黄昏, 禾人发现自己的额头上冒出了一颗很大的痘痘, 她一怒之下打破了家里为了拍摄而购买的五六面镜子。**禾人流着泪蜷缩在角落, 在无数碎片中看到了憔悴的自己。**

美由自己定义

人与人互为一面镜子, 映照着彼此。在心理学中, 有一个著名的"疤痕实验"。

心理学家曾经征集了 10 名志愿者，请他们参加一项名为"疤痕实验"的心理研究活动。心理学家让化妆师在志愿者的脸上画上以假乱真的疤痕，然后给志愿者一人一面小镜子，让他们看到自己可怕的样子。之后，化妆师告诉志愿者，为了让疤痕更逼真、更持久，还需要在疤痕上涂抹一些粉末。

事实上，化妆师并没有在疤痕上涂抹任何粉末，而是用化妆棉清除了志愿者脸上的疤痕。志愿者们在不清楚脸上的疤痕已被清除的情况下，被带到了各大医院的候诊室，装成急切等待医生治疗的患者，暗中观察路人的种种反应。实验结束后，志愿者们都声称感受到了他人的恶意。他们脸上明明已经没有了疤痕，为什么还会有被别人特殊对待的感觉呢？其实，这是因为他们将内心对自己的看法投射到了别人身上，以为别人就是这样看待自己的。

真正让我们焦虑的，是我们对自己的不满意和偏见。只有从这样的误区中走出来，才能真正地告别容貌焦虑。

没错，一个人可以选择更瘦一点，也可以选择更白一点，但最应该选择的，是相信自己本来就很美。**一个人只有相信自己很有魅力，所做的选择和改变都是为了自己，**

而不是为了迎合他人，他才能真正感受到生命的蓬勃与美好。

如何成为一个相信自己本身就很美的人呢？答案很简单：看见自己，接纳自己。

即使我们脸上真的有疤痕，也掩盖不了我们其他地方的美。**疤痕也是属于自己的故事，应该是被自己接纳的一部分。**

是的，我们无须靠改变自己的外表来取悦别人，自己的美也无须由别人来定义。**活出真实与自在，自然会闪闪发光。**

不过度自省，原谅犯错的自己

夜深人静，早该入睡的时间，柳柳的脑海里却正在上演一场热闹的大戏。

先是童年时期，玩闹时无意间打翻热水，烫伤了母亲的手，时至今日母亲的手上还留着淡淡的伤疤。要是自己当时听话不乱动，会不会避免那次意外？

再是少年时期，有些叛逆，出口伤人，结果与朋友分道扬镳，青葱岁月画上遗憾的句号。要是自己当时懂得收敛，有没有可能相伴得更久一些？

上了大学，在本该奋进的年纪选择懒惰。要是自己当初再努力一点，是不是今天能过上更好的生活？

工作后，没能处理好同事关系。上下班路上遇到，彼此只剩尴尬。自己当时要是不那样做，是不是就能收获一位并肩作战的伙伴？

床头柜上的钟表飞速旋转，夜色由浓转淡，可回忆却仍在不依不饶地寻找自己犯错的蛛丝马迹。那些过去的事情鲜活地出现在眼前，失落的情绪弥漫在无边的黑夜中，柳柳看到了一个支离破碎的自己。

子曰："吾日三省吾身。"可这自省的过程为何让人如此痛苦？

26岁的柳柳是一名设计师，今年已经是她工作的第4个年头了。第一次在咨询室和她见面，她的状态让我感到吃惊。

她身穿黑色长外套，头戴深绿色棒球帽，脸上还戴着一个黑色的口罩，整个人完全被包裹在衣服里。沉默半晌，她摘掉了口罩和帽子。头发看起来有几天没洗了，眼底的两抹乌青也能表明她睡得很不好，皮肤状态也很差。她弓着背坐在椅子上，疲态尽显。

事情还要从上个月说起。她所在的公司要为某款饮料产品设计一套广告方案，部门分成几个小组来竞争这个项目。柳柳、莉君和安华被分在了同一组，她们不分昼夜地奋战了三天，终于设计好了一套方案。就在汇报的前一天，柳柳的母亲身体出了些状况。当晚柳柳忙了一夜没睡，第二天早上走得匆忙，忘记带电脑。她行至一半才发现，又赶紧原路返回取电脑，全组不得不申请调整汇报顺序。

紧赶慢赶，她终于在最后一组讲解时赶到了办公室。经理虽然比较生气，但还是给了她们小组上台汇报的机会。不过，结果不尽如人意，最后赢得项目的是其他小组。尽管经理一再强调绝不会因为柳柳迟到就影响设计方案的评分，但大家难免还是会将这两件事情联系起来。

柳柳非常愧疚，事后她为了道歉，请莉君和安华吃了一顿大餐，又给二人买了礼物。莉君和安华也没有多说什么，三个人还是一起工作、一起吃饭。

可是从那以后，柳柳总是觉得莉君和安华在有意疏远自己。柳柳说，在莉君和安华一起去卫生间的时候，她会担心二人是不是在借机谈论自己；也会在那两个人不参与柳柳提出的聚餐时，怀疑她们是故意找借口拒绝，与自己疏远。

柳柳在生活中没有别的朋友，对莉君和安华的猜忌极大地降低了柳柳的生活质量。失眠持续了几个月，她每晚躺在床上都会在脑海里反省自己今天有没有说错话、做错事。从今天想到昨天，又想到几周前。最近已经严重到，她会从工作中犯的错误联想到读书时犯的错误，每天都要到天蒙蒙亮才能睡着。

很明显，柳柳陷入了过度自省的陷阱。

什么是过度自省

过度自省是指人对自己的思考和反思过于深入，达到了过度分析、自我怀疑和沮丧的程度。它通常表现为对自己的行为反复回想，寻找错误和不足，最后又因感到自己无法满足自己的要求，自尊心受到伤害。

自省不是为了自我折磨，而是为了更好地剖析事件、认识自己。柳柳每天留意与同事相处的细节，到晚上躺在床上反思自己是否有过错，这样日复一日，对自己的身心产生的伤害不可估量。自省这件事是没有尽头的。自省的目的是从过去的经历和感受中汲取经验教训，然后重整旗鼓，轻装上阵。但若是长期沉湎于过度自省，不夸张地讲，就是在对自己进行惩罚。

聚光灯效应

我们该如何避免过度自省呢？

首先，要正确认识"聚光灯效应"。

聚光灯效应是指人们高估外界对自己的关注度，认为自己处在人群的中心，所有人都会在意自己的妆容、穿搭、言行甚至心理活动。心理学家托马斯·吉洛维奇（Thomas Gilovich）做过一个实验，他让康奈尔大学的学生穿上某名牌 T 恤进入教室，穿 T 恤的学生事先估计会有一半的同学注意到他的 T 恤。但是，最后的结果却让人意想不到——只有 23% 的学生注意到了这一点。

这就说明人们其实并没有那么在意其他人身上发生了什么事情。柳柳的同事不会反复回想迟到的柳柳，经理也不会把柳柳的这一次错误永远记在心里。

那些深夜里反复回想的错误，难以自拔的尴尬瞬间，甚至没有在别人的脑海里留下什么痕迹。

所以，我们不妨大胆一点生活，这世界并不是一个只有你登台的剧场。

其次，接纳自己的情绪。

我们之所以在做错了事之后反复回想，其中最大的原因是无法接受自己内心产生的情绪，如愧疚、焦虑、害怕被厌恶或被排挤。**正常的自省并不会加重我们的焦虑，错误的认知和对情绪不当的处理方法，才会让我们困在恶性循环里无法自拔。**

正确的做法是接纳自己的情绪。

处于风浪中的船，自身越稳定，被风浪掀翻的概率就越小。让情绪平稳地在心中流淌，内心越平静，我们也就越能从容地面对情绪背后的问题。当负面情绪来临时，我们可以先告诉自己："没关系，有这种情绪是再正常不过的事。"然后分析自身存在的问题。我们不必为自身存在问题感到羞耻，只需把它们记下来，警惕重蹈覆辙。最后，待情绪慢慢过去，我们又完成了一次认识自己的过程。

如此几次，我们便能掌握一种与自我和解、让心灵变得更加澄澈透明的方法。**犯错非我们所愿，但收拾好情绪继续前进，是我们自己可以做出的选择。**

最后，原谅自己，向前看。

花有重开日，人无再少年。人生是一条单行道，过去了就是过去了，永远无法重来。也正是因为没有回头路，犯过的错误才会让人感到无比遗憾。

可是，人生并非只由一个个遗憾叠加而成。**那些美好而宝贵的经历会赋予我们力量和勇气去翻越一座座错误的高山，而在山的背后，总有一个更好的自己在等待。**所以，让我们勇敢地对过去的自己说一句："向前走吧，不要害怕。"

背后的遗憾纵然无法更改，可前方的光仍然值得追寻。

每个人都有自己的成长计划

子曰："三十而立。"30 岁，是一个人生命中的分水岭。在这个年纪，大多数人已经有了一定的人生阅历，明白了自己的追求与方向。

自幼时起，"按照社会认可的时间表发展"这条约定俗成的规则就如影随形，这张时间表不断地催促我们前进，从幼儿园到大学毕业，工作、结婚、生子，任务一个接一个。我们按照时间表按部就班地成长。在这条既定的人生轨道上，我们狂奔向前，拼尽全力不落后于旁人。但是，对落后的恐惧让我们筋疲力尽，无法自由地追求自己想要的生活。

时间表仿佛在我们生命的舞台上画下了一道道泾渭分明的线。我们跟随光阴穿越一个个时间阶段，经历着岁月的流逝与变迁。有时，我们会发现自己与曾经的同伴处于不同的时间阶段，看着他们在下一阶段稳步前进，而我们却还在上一阶段原地踏步，心中难免失落。

可是，人生不是赛跑，不会依据先后来定输赢。**绚丽的夕阳，虽于一边缓缓坠落，却在另一边初露曙光。**人生亦如此，我们可能在某些方面处于劣势，但是在其他方面，我们也许正踏在前行之途上。

心理迷途与发展焦虑

刚入行的几年，我在大学担任心理健康教师。刚刚成年的学生们心智还未完全成熟，心理问题也大多围绕着学习和情感，来访者中有一半是来咨询这两件事的。此外，还有一类心理问题在曾休学的学生群体中较为高发——发展阶段焦虑。

我遇到了一位学生夏山，她是一名新闻传播专业硕士一年级的学生。在本科时，夏山的学习成绩并不出色，第一次参加研究生考试并没有考上理想的学校。她毕业后花了一年时间复习，参加了第二次考试，结果仍然不尽如人意。与此同时，她周围的同学或在工作，或已继续深造，唯独她因学业只得在家苦读。夏山告诉自己，如果第三次考试再失败，就立刻开始找工作。幸运的是，考研"三战"的夏山终于考上了心仪的学校，入学后适应得也非常好。

夏山对自己当下的人生非常满意，即使之前遭遇了挫折，她也认为自己正走在洒满阳光的路上。直到上周，夏山与曾经的大学室友文冬见了一面，事情发生了转变。

文冬大学毕业后没有考研，而是选择了回老家创业。最初，寝室里的其他三人都劝文冬再考虑考虑，因为创业需要面对太多的困难与不确定，而且刚毕业的大学生也没有任何创业经验。然而，文冬还是坚持了自己的选择，她说："我觉得我并不擅长学习，读研并不适合我。"

两年后，夏山收到了文冬的消息，说她要到夏山学校附近出差，希望能与夏山见一面。她们约定在学校附近的餐厅吃饭。当夏山见到文冬时，对她的变化感到十分惊讶，文冬穿着一身修身的职业装，气质成熟了许多，连说话的音调都变得更加沉稳。在谈论工作时，文冬笑着说，自己已经成为家乡所在县的企业家代表了。

回到学校后，夏山总是忍不住想着文冬的现状。自己仍在求学，对方却已经成了企业家代表。面对与曾经朝夕相处的同学在人生进度上的巨大差距，夏山陷入了深深的焦虑。她开始整天闷闷不乐，夜晚辗转反侧，对自己的学业也不再像以前那样上心，心里满是对父母的愧疚与对未来的担忧。

夏山的心理现象正是"发展阶段焦虑"，这是年轻人较为常见的心理问题之一。发展阶段焦虑是指人在特定阶段因未能达到预期的成就或发展而对自己产生不满，并进一步产生焦虑情绪的心理现象。

如何消解发展阶段焦虑

对我们来说，适当的焦虑是有好处的，心理学家霍德华·利德尔（Howard Liddell）将焦虑比作"智力的影子"。他认为，人之所以能做出精细的计划，是因为人会为有可能出现的错误提早做好准备，而这一行为的动力就是焦虑情绪。但过度沉湎于焦虑情绪，则会让我们难受、痛苦，甚至疲惫不堪；发展阶段焦虑更是会让人丧失信心、止步不前。对于这一心理问题，常见的应对方法有以下两种。

第一，形成正确的自我认知。

文冬之所以坚定地选择创业而不是读研，是因为她对自己有正确的认知。在面对同寝室三个同学的劝说时，她坚定地说："我觉得我并不擅长学习，读研并不适合我。"这样清晰的自我认知让文冬勇于做出选择，坚定地在创业的道路上深耕。

相比之下，夏山只是一味地与文冬比较，认为文冬已经事业有成，自己却还在苦苦求学。与昔日同学人生进度上的差距让夏山茫然失措，对自己和自己的人生规划失去了清晰的认知。

其实，每个人都有专属于自己的成长计划。我们应该了解自己内心的渴望与真正追寻的方向，不必因与他人纵向比较而对自己的人生丧失信心。

第二，认可自己的人生时间表。

今年雨季农产品大量滞销，每年的农产品旺季变成了淡季。夏山看着文冬在朋友圈发的求助视频，心也跟着揪了起来。某天专业课，当老师讲到直播新业态时，夏山忽然想到是否可以开设一个助农直播间，为文冬的农产品做宣传。果不其然，助农直播的效果很好。在直播结束后，文冬给夏山发了一条微信："一切都是最好的安排。"

生命中的每一个契机、每一次起伏都在我们的人生时间表里拥有深远的意义。即使我们的进度比别人稍慢一些，也无须担忧，因为我们会沿途欣赏到更多绚丽的风景。人生并非只能纵向衡量，更需深度体验，慢下来的脚步让我们拥有更多的时间去感悟生命中的美好。

兜兜转转之后，我们总会到达梦想中的桃源之地。前行的步伐或有快慢之别，但人生绝无成败之分。

面对负面评价，你可以不必受伤

你尝试过海上冲浪运动吗？当你坐在海滩上，望向大海，你看到的是层层海浪追逐前行，金灿灿的太阳挂在天空中，你感觉海风带着咸咸的味道吹过脸颊，舒爽宜人；当你站在冲浪板上时，你要面对的就是孤身一人和时刻会拍打过来的海浪。你越是抗拒，越是想抵抗海浪的冲击，就越容易被海浪侵袭。是乘浪而上还是暂时退避，冷静地做出合理的判断才是成熟的做法。

有时我觉得应对负面评价与冲浪很像。越是害怕听到负面评价，越是想和评价你的人争辩，你就越有可能受到负面评价的影响和干扰。

在生活中，你可能遇到过这样的场景。你和朋友聚在一起聊天，大家约好以诚相待，知无不言，说说对彼此的看法。在谈论别人时，你听得津津有味；到谈论自己时，在听完夸赞之词后，对方刚想说："不过呢，你有时候……"你的心就突然"咯噔"一下，心里暗暗想：还是别说了，我不太想听。朋友间尚且如此，来自其他人的负面评价就更令人畏惧了。即使是没有说出口的评价，比如老师的蹙眉、领导的咳嗽，都会让你深感不安。

事实上，在漫长的成长过程中，每个人都需要在与他人的碰撞中了解自我。有的碰撞可以不断强化我们自我认知中的积极方面，让我们知道自己哪部分是好的；有的碰撞则让我们醍醐灌顶，让我们知道自己哪部分是有待改进的。只有不抗拒、不畏惧负面评价，我们才能在人生之路上走得更稳、更远。

别人的负面评价，并不都是冲你来的

我记得曾经有一位小姑娘向我寻求帮助，她对我说：

"我喜欢放假的时候待在家里看书、画画，而我的妈妈总是批评我木讷，觉得我的性格难以融入社会。她总是让我出门参加一些社交活动，这让我很苦恼。"

详细询问后，我了解到这个小姑娘非常喜欢独处，除了待在家里看书、画画，还喜欢自己一个人到公园看鸟、识花。我心中暗暗思忖：这是一个多么会生活的孩子呀！为什么她的妈妈一直关注她"不爱社交"这一点呢？

于是，我约了她的妈妈来到我的咨询室。经过一番深入的交谈，我了解到这位小姑娘的妈妈是在一个大家庭中长大的，家中有五个孩子，父母根本照顾不过来，而家中能说会道、爱笑爱闹的孩子往往比较容易得到父母的关注。这位女士是兄弟姐妹中最安静沉稳的，因而经常被忽视，得不到长辈的注意。这些经历让她觉得，人如果不活泼开朗，就比较容易吃亏。因此，她格外希望女儿不要像自己。

在心理学领域，有一个常常被提起的概念，叫作"投射"，是指一个人将自己的价值观与情感好恶强加于他人的心理现象。这个妈妈总是对女儿不爱社交这一点过分挑剔，实则是对自己不活泼开朗的性格感到不满，又担心女儿会因为过于安静、喜欢独处而不被他人关注和疼爱。如果女儿能明白这一点，便能看到母亲批评背后的脆弱，从而减少自我怀疑和委屈的情绪。

你有多了解自己，就有多不惧差评

除了一些源于投射的负面评价，还有一些负面评价需要我们去面对和消化。而面对和消化这些负面评价的前提是我们要有清晰的自我认知。

在这里，我想给大家提供两种简单易行的获得自我认知的方法。

第一种是自我评价法。这种方法需要我们在日常生活中，从客观的角度观察自己的言行，对自己进行探索和评价。例如，在完成一项任务的过程中，你可以记录自己在完成任务的过程中做得好的地方和有待改进的地方；记录自己在面对困难和挑战时反应如何；记录自己在处理问题时情绪如何……这种方法有助于我们客观且多方位地了解自己，更清楚地认识自己的优势与不足。

第二种方法是他人评价法。我们可以选择自己身边信任的人，如父母、师长、好友，心平气和地向他们提问：
"你认为我有哪些优势与不足？""你是从我的哪些举动中
发觉的呢？"我们可以用自己对自己的评价与他人对自己
的评价相比较，如果他人提出的负面评价恰好与我们认识
到的不足相同，我们就可以从容接受并认真改进；如果他
人提出的负面评价与我们认识到的不足不同，我们就要理
性分析，判断自己是否有这样的问题，是不是需要改进。

　　长此以往，我们会发现那些负面评价不会再如惊涛骇
浪般侵袭我们的内心，我们认识自己、了解自己，拥有直
面世界的勇气。外界的声音纷纷扰扰，正如海浪不断拍打
礁石，切不可因此乱了自己的心。**屏蔽干扰，专注眼前，
道路虽远，脚步更长。**

第三章

自洽：摆脱关系内耗，自在做自己

在生活中，我们遇到的所有问题都是关系问题。每一个人，都无法离开关系而独立存在。要过好这一生，拥有完整的生命体验，我们必须处理好生活中的各种关系。我们与这个世界本是一体，所谓外部世界，不过是我们内心的投射。

用"灯塔日记"重塑边界感

当我还是个孩子的时候，我喜欢趁午休时间在教室里画画。

那时，我会用最明亮的色彩勾勒出内心世界。微风轻轻吹动我的画纸，我感觉窗台上的绿植也在对我的画作点头。万物静默，只剩下画笔摩擦纸张发出"嚓嚓"的声音。然而，一件事将我的宁静彻底打破。一个午休结束后的课间，后桌男孩偶然间看到了我的画，他毫无征兆地抢过我的画，把画高举过头顶，大声招呼着全班同学都来看。

那一刻，我感到了前所未有的恐慌和尴尬。我想夺回我的画，但他毫不在意地笑着说："那么激动干吗？大家都是同学，看一看无所谓吧？别那么小气！"幼小的我，只能在自己的座位上无助地呆坐，看着后桌男孩带头对我的画指指点点，人群间不时发出阵阵笑声。我内心的不适感越发强烈，直到铃声响起，所有人回到自己的座位上时也没有任何缓解。那时的我并不明白自己因何不适，只能默默地把边缘泛起褶皱的画连同绘画用具一起带回家，丢在书架的最高处，从此再也不做任何画家梦。

许多年后，我在系统地学习了心理学之后才恍然大悟。原来，那一刻的我，个人边界正在被侵袭；而那个男孩，缺少的就是对别人边界的尊重。

如果我们将人生比作一次海上的航行，将我们自己比作在海上航行的小船，那么边界感就是指引我们航向的灯塔，它会告诉我们哪里是通向目的地的航道，哪里是危险的暗礁。

你的关系灯塔：边界感

乔治·戴德（George Dieter）曾在其著作《自我边界》中赋予"自我边界"这个词一个很好的定义：**你的事归你，我的事归我。**自我边界就像是一层隐形的屏障，可以保护我们自己的小世界不受他人侵犯。但是对我们来说，这个屏障是需要我们自己去建立和维护的。

我记得有一位名叫小凝的来访者曾到我的咨询室咨询。她坐下后，我问她："喝咖啡还是喝茶？"她想了想，然后说："您决定吧。"我把两杯饮品都拿到她的面前，她最终选择了热咖啡。手捧着咖啡杯，小凝整个人放松了不少。微垂的眼帘，透露出她深深的无力感。小凝对我说，她的家庭于她而言，既是避风港，也是让她无法舒展的牢笼。

"每次家庭聚会，亲戚们就像是自动播放的录音机，总会追问我一样的问题——工资多少、什么时候结婚、打算什么时候生孩子……"小凝说，亲戚们一次又一次的提问，像是一把把锋利的刀，每次都会戳破她内心的防线。

"每次听到这些问题，我都心跳加速，不知所措。"她补充道，"我曾试图拒绝回答，希望能保留一些自己的隐私。但每当我默不作声时，他们就会说：'都是一家人，有什么不能说的呢？'**我感觉自己就像一个供人参观、点评的展示品，或是一本可以随时翻开的书。那我的感受呢？**"

"而且，我爸妈会为了缓解尴尬，代替我回答这些问题。"小凝的声音越来越微小；她的神情，也越说越沮丧。她觉得自己的需求被忽视，自己的声音无法被听见，自己仿佛是透明的。

"有时候我会想，是不是自己的想法有误，或者是不是自己太过敏感。我也在心里默默发誓，要成为一个更独立、更强大的人，要自己保护自己。然而，无论我怎么努力，还是会被认为，我是家中的小凝，是父母的乖女儿，是所有人眼中乳臭未干的小姑娘。但唯独，我不是我自己。"

"再这样下去，我感觉真实的自己就要消失了。"**小凝看上去就像一只在茫茫大海中迷失方向的小船，四周弥漫的浓雾让她无法看清前方的一切。**

每次亲戚提出私人问题，小凝的内心都在疼痛。但是，由于对"一家人"的错误理解，她总是忍住疼痛，被迫微笑着接受这种侵犯。她的灯塔黯淡无光，她的小船失去了方向，只能任凭风浪席卷。她的边界，已成为无用的摆设。

为何灯塔会黯淡无光

为何小凝的灯塔黯淡无光？她的边界感又为何会缺失？

我问小凝："你已经成年，为什么会任由父母和亲戚对你指手画脚，甚至默许父母代替你回答亲戚的问题？"

其实，小凝也不明白为什么会这样。于是，我开始引导小凝深入挖掘那些埋藏在她内心的恐惧和困惑。在对话中，我仿佛看见了小凝的过去：她在每一次热闹的家庭聚会中，常常被剥夺表达自己的权利。

每次她想要发表自己的观点、看法时，大人们总是会轻率地打断她，笑着说："哎呀，小凝！大人在说话，你别插嘴。"大人们在说这些话的时候，虽然嘴角挂着笑，实际上是冷冰冰地拒绝了小凝表达真实的内心。

回到家，小凝想再度发声，父母却换了一副面孔。他们用严肃的口吻告诉她："你不要让我们难堪，我们不想听你说这些。"是的，她没有被听到，也没有被理解；她没有被看到，更没有被珍视。

小凝的自主感被不断削弱，自我表达的空间被限制得越来越小。在她的世界里，灯塔的光在他人的需求、期望和评判中渐渐黯淡。她甚至已经忘记，灯塔的光本应照亮她自己前行的方向。

失去了灯塔的指引，海上的船只就会迷失在大海中，小凝也是如此。她的边界被侵犯、被忽视，她的存在感越来越弱。她现在需要一种方法，让自己的灯塔重新绽放光芒，让自己在人际关系的大海中找到方向。

那么，我们应该如何重建边界感，找回自我呢？

书写"灯塔日记"

要想重建边界感，我们需要采用一种特殊的方法——书写"灯塔日记"。这个日记可以帮助我们记录自己的边界被侵犯的情况，以及那一刻的真实感受；帮助我们发现自己的需求，了解应该如何表达自己。

"灯塔日记"的撰写，可以分为以下四个步骤。

第一，照亮感受。在每一次感到自身边界被侵犯时，我们需要记录下自己的感受，如焦虑、压抑、愤怒等。

小凝也在我的建议下开始书写属于自己的"灯塔日记"，她在日记中写道："每次二姑和爷爷不停地追问我问题的时候，我都觉得非常压抑和焦虑。我好像在被野兽追赶，喘不过气，甚至感到窒息。"

在写下这些感受时，小凝仿佛能听到自己内心的尖叫声，她小心翼翼地在茫茫黑暗中寻找光亮。她将这样的感受一字一句记录在"灯塔日记"中。

第二，导航需求。了解自己的感受后，我们需要厘清自己的需求。

小凝在记录下自己的感受后，也厘清了自己的需求："我从小被亲戚们看着长大，我知道他们问问题是出于对我的关心。但我也需要他们理解，我有我的思考和决定。我应该坚决地表达我的不满，告诉他们我需要的是支持和理解，而不是压力。"小凝在日记本上写下的每一个字，深深浅浅，都是她内心的真实写照。她渴望被理解，渴望得到尊重，这是她内心深处真正的需求。

第三，发出信号。我们可以尝试写下如果再发生类似的事情，我们要如何表达自己。例如，面对家人催婚时，我们要说些什么。我们要向外界传递自己存在的信息，就像灯塔发出信号。

小凝开始尝试转变角色，从被动地接受转为主动地表达，她在日记中写道："如果下一次家庭聚餐，亲戚们再次展开催婚攻势，我不会像过去一样沉默，我会坚定地表达自己的观点。我可以说：'我知道你们都希望我能找到幸福，但是我有自己的想法和生活节奏，希望你们能尊重我的选择。'"

她将最后一句话用明黄色的马克笔划过，代表着她的决心，那颜色就像灯塔在黑夜中发出的明亮的光。

之后，她真的如日记中写下的一般，践行了自己的话。

第四，记录回响。记录我们的表达是否有效，他人的反应是什么，是否需要调整我们的表达方式。

在小凝勇敢地表达了自我后，在场的所有人都感到很惊讶，甚至有些不理解。小凝记录下了他们的反应："家人们一度以为我只是在发脾气，或者只是一时心血来潮。但后来，他们逐渐发现，这就是我内心真正的想法。"

　　以上，就是"灯塔日记"的具体实践方法。**通过记录我们的感受、需求、表达和周围人的反应，我们可以逐渐明确自己的边界，维护自己的权利，找到生活中的灯塔。**

　　在书写"灯塔日记"的过程中，小凝逐渐重建了自己的边界感，她现在可以勇敢地表达自己的想法，她的灯塔已经在大海中发出了明亮的光芒。重建边界感的过程是艰难的，充满了挫折。但是，请不要放弃。灯塔的光可能只是一时在大雾中模糊，待风吹雾散，终将重放光芒。

不再讨好，远离让你痛苦的人和事

年末的工作相当繁重，傍晚终于结束了加班，我走出公司大楼才发现，天气预报所说的大雪已经悄然落在手心。在呵气成霜的冬日，参加一个热火朝天的"火锅局"再好不过了。我和同事都不太能吃辣，但偏偏又喜欢吃辣，便点了一份牛油辣锅底，在不停的"嘶""哈"声中享受着美味。

辣味在舌尖爆开，惊醒每一寸味蕾，很快嘴唇就通红一片。同事忙着擦汗，顺带拂去眼角溢出的眼泪，整张脸扭曲着，看起来有些痛苦，但手里的筷子依然不停歇。

同事边吃边说："吃辣这么痛苦，一把鼻涕一把泪，可为什么还是这么想吃呢？"我思索了几秒，笑着说："吃辣上瘾堪比虐恋，就像有些人在爱情中被折磨得死去活来，却依然割舍不下。痛苦上瘾，大概就是如此。"

吃辣令人痛并快乐着，吃到饱就知道该停下筷子了；而感情中的痛苦，却只有人在被压垮的时刻，才会得到重视。

来访者乐乐和男友阿肯，就是如此。

痛苦的关系，令人上瘾

乐乐和阿肯一起来到我的咨询室，阿肯走在前面，一身新潮打扮，脏辫在脑后梳成一束。他举起手漫不经心地向我打招呼，三枚戒指随着手的挥舞闪闪发光。乐乐低头垂手，晃晃悠悠地跟在他的身后，干净的衬衫与牛仔裤搭配，外加一个白色的帆布袋。从外表上看，他们一个张扬，一个乖顺。

简单的几句寒暄过后，我发现阿肯总是充当发言人的角色。这似乎彰显着，他是这段关系的中心，而一旁的乐乐则在大多时候保持沉默。但其实，最先提出要来找我咨询的人是她。

不难看出，在这段关系中感到痛苦的是乐乐，于是我便让她先讲一讲她眼中二人关系的主要矛盾。

乐乐叹了口气，睁大眼睛望向咨询室的天花板，缓缓地说："他是做艺术摄影的，长时间待在摄影棚里，一天都找不到人。我好希望他能抽空给我发发消息，分享一下日常、吐槽一下工作中遇到的烦心事，哪怕随便拍几张天空的照片也行。但他总推托说：'每天的工作太忙了，要没日没夜地待在摄影棚里。我本来就很累了，你懂事一点。'

"我尽量试着理解他，尊重他的生活习惯，不断退让。我克制自己，只在中午和晚上的时候联系他两次，攒好多好多话一股脑儿发过去，其他时间绝不打扰他。这样的生活我一开始还能接受，但后来我发现永远都是我发消息的大片绿色气泡占据着我们的对话框，心里时时刻刻惦记着手机那头，每天睡觉前都要把他的消息设置为强提醒。我觉得好难过。等不到他消息时，我就会独自去吃巨辣的火锅，辣得涕泪直流，用痛感短暂地麻痹自己。

"即使这样，在我偶尔对他提起能不能多陪陪我时，他还是会说我就像个长不大的小孩，只会依赖别人。墨多老师，我真失败，怎么连爱人都不会爱呢？"

在这段关系中，乐乐明显是处于低位的一方，一直在容忍和退让，试图以此换来对方的片刻关心。

她的描述，让我想到心理治疗师维吉尼亚·萨提亚（Virginia Satir）的"四种生存姿态"理论，其中有一种叫作"讨好姿态"。关系中低位的一方单膝跪地、一只手的手心向上呈托举状，似乎在等待另一方的施舍，另一只手捂住胸口，明明处于卑微的低位，却依然强装笑颜。这微笑是一种自我欺骗，背后隐藏着无尽的苦楚。讨好者期待的是另一方的平等回应。但跪着的人，是得不到尊重的。

乐乐用妥协、忍让，换取关系的片刻安宁。她耗费心力的付出和包容，在男友眼里可能是毫不费力的寻常举动。**讨好的微笑面具戴久了，偶尔提出的要求，在对方眼里就变成了冒犯。**

在阿肯看来，乐乐打落牙齿往肚里吞的隐忍根本不值一提。"她总是说我不陪她，可每周一次的见面，对我来说已经足够了。我不喜欢太亲密的关系，挤占个人空间会让我有一种窒息感，她为什么不能尊重我呢？我其实挺珍惜这段感情的，也很爱她。但她一直这么幼稚，总是要求这要求那，我没有办法接受。"

在两人的叙述方式中，我能看到明显的区别。乐乐考虑更多的是对方和二人的关系，阿肯则以自己为中心，对乐乐的不安与痛苦难以共情。这是一段明显失衡的关系，有一方的感受没有被看见和认可，久而久之，就连乐乐自己也习惯了这种需求不被尊重的感觉，阿肯的稍微一点示好，便被乐乐当作爱的证据仔细品尝。

乐乐是一个不怎么能吃辣，却对辣火锅上瘾的人，正如她沉溺在令她流泪的关系中，无法自拔。

阿肯虽然口口声声说"爱"，行为上却并未让乐乐感受到爱意。这种心口不一的反差，让乐乐逐渐迷失，既不甘心于潇洒离开，又不能坦然地待在感受不到情感流动的关系里。

也许，乐乐早就知道这样的感情再继续下去也只剩下消耗。但对她来说，比起待在一段令她痛苦的关系里，被抛弃才是更让她绝望的事情。

关系的好坏，身体知道答案

常以讨好姿态处世的人非常擅长自我欺骗，会将自己的逆来顺受、忍气吞声描述成善良、包容，但一次次地被轻视和被打压令他们无法欺骗自己。

想要改善自己身上的讨好特质，应该怎么办呢？

首先，我们需要学会尊重自己的身体感受。很多时候，思维会骗人，而身体非常诚实。

美国催眠治疗师斯蒂芬·吉利根（Stephen Gilligan）认为，人有三种智慧，分别是身体的智慧、认知的智慧和场域的智慧。一个人太依赖认知的智慧，会将自己禁锢在头脑之中，让自己沉浸在对爱的幻想里。如果我们想跳出头脑的陷阱，就要与自己的身体建立联结，用身体聆听别人发出的信息。

当我们和一个人接触时，我们会感受到对方是冷还是热。与温柔友善的人相处，我们会感到温热柔软，像是泡进一汪温泉水中；而和严苛的人相处，我们会感到阴冷肃杀，仿佛置身于冰窟。头脑还没来得及反应，身体就会先发出警报。

有时候，为了使痛苦变得容易消化，我们的思维会对困难的处境做出合理化的解读，如"对方不是有意的""是我太敏感了"等。其实，出现痛苦的感觉也许并不是因为你太敏感了，而是身体在传递让你远离不健康关系的信息。

身体明明没有说话，却又好像一直在对你倾吐心声。如果我们的境遇如同在茫茫大海上漂流，那么身体的感受则是唯一的指南针。

其次，我们可以多多自我肯定，用积极的眼光看待自己。常以讨好姿态处世的人习惯从外部获取价值感，习惯从别人的反馈中勾勒自己的形象。因此，我们需要向内看，寻求内在价值感。

比如，如果你总是觉得自己没有魅力，不要对自己说："我没有吸引力。"你可以说："我有很大的提升空间。"这样的表达方式会提升你的自我效能感。容貌也许不容易改变，但体态与身材完全可以通过努力改善。在自我否定之前，你可以先想一想，自己能做到的有哪些；放下不能改变的，改善可以改善的，做完这些后，你的价值感也会油然而生。

真正丰满的爱，应当是温暖的、包容的、滋养的。那些需要你在痛苦中咀嚼的爱意，是应当被舍弃的。关注你的情绪与身体，让最真实的自己迸发出最蓬勃的生命力。

情感勒索，以爱为名的操控游戏

你经历过这样的一天吗？

还有 15 分钟就要下班，你想：终于要结束这忙碌的一天了。这时，主管却临时下达了一堆任务，让你加班做完。他义正词严地说："你资历尚浅，这些都是为了磨炼你！要知道，现在竞争这么激烈，你不努力，外面随便找个人都能替代你……"

终于结束加班，你披星戴月地回到家，疲惫不堪地瘫在沙发上，只想点个外卖、刷刷手机。父母却一定要你吃他们亲手做的"健康养生餐"，并把它们重新加热端到你的面前。听到你的拒绝后，爸爸火冒三丈："天天吃外卖，成个什么样子？一点都不体谅你妈，她在厨房里里外外忙活了两小时！哎！"你本想辩解："我从来没说过今天想吃苦瓜和糙米。"但看着父亲佝偻着身体转身的背影，你把话又咽了回去。

深夜，你还是吃完了妈妈做的饭，钻进被窝正准备享受独属于自己的时间。这时，朋友的一通电话又毫无征兆地拨了过来。原来，朋友和对象吵架，一气之下决定去相隔千里的城市散心，并要你请假同去。"你就不能陪我一次吗？你是我最好的朋友，如果你不在我身边，我会觉得自己很孤单。你是不是不把我当朋友？"

面对以上这些情况，你是不是感觉很无助，也很困惑？好像他们总能找到一个合适的理由，让你不得不忽略自己的感受，被迫满足他们的需求。

如果你违背了他们的意愿，他们就会有足够正当的理由来责怪你、否定你，让你觉得自己是个糟糕的人。

这，其实就是情感勒索，一场被巧妙包装的操控游戏。

什么是情感勒索

情感勒索是美国心理治疗师苏珊·福沃德（Susan Forward）提出来的概念——勒索者以爱之名，使用要求、胁迫、施压、沉默等间接勒索的手段，让对方产生罪恶、恐惧、羞愧等负面情绪，最终控制对方，让对方顺从自己。

"我这么做，都是为了你好啊！""你不听我的话，白白浪费了我的一番苦心！""你不听我的，就是不爱我。"……这些话语，就像风筝的丝线，把我们牢牢绑住，阻碍我们飞往更高的天空。

每次看到美丽的风筝在天空中轻轻摆动，我总是会想起我的来访者林颜。她和男友相恋两年，但他们的关系犹如天气一般阴晴不定，从晴空万里到电闪雷鸣、刮风下雨就在一瞬间。**她说自己就像一只受牵引的风筝，似乎有着奔赴蓝天的无限自由，实际上却被一根透明细线紧紧拴着。**

这到底是怎么回事呢？

林颜是个忠诚的伴侣，但她的男朋友总是想翻看她的手机。每当林颜拒绝时，她的男朋友就会说："为什么其他情侣就能互看手机？情侣之间就应该以诚相待，没有秘密！"

还没等林颜解释，男朋友继续说："你不让我看，一定是有事瞒着我。你心里有鬼！我对你这么好，做什么事都先考虑你，你却连这点事都要计较！那我们在一起还有什么意思？我真的是瞎了眼！"

一开始，林颜只是疑惑，为何男朋友前一秒还与她甜蜜无比，下一秒就大发雷霆、上纲上线？她想，一定是因为男朋友心情不好，他们之间才会爆发冲突。这件事只是偶然发生的，不要多心。

但她渐渐发现，每次发生这样的事，男朋友都会小题大做，而且情绪一次比一次猛烈，从咒骂变成拍桌子、摔东西，由短暂的发火转变为长期冷战。她彷徨失措，试图修复亲密关系间的裂痕，像把断开的风筝线的两头打个结一样，使两人亲昵如初。

可她每次想解释、想讲道理时，男朋友就会用一句"如果你真的爱我，就不要说这么多"堵得她哑口无言。林颜在困惑的旋涡中慢慢失去了自我，她开始思考男朋友发这么大的脾气，是不是代表翻看手机不是一件小事？是不是不让他翻看手机，真的代表自己不爱他？她甚至对自己说："他要看就看吧，反正我没做亏心事。只要给他看了，就不会争吵了。"

某天夜里，林颜口渴，起来去客厅喝水，迷迷糊糊间撞见了男朋友正在试图破解她的手机密码。**泛着亮光的手机刺痛了她的眼睛，也冻结了彼此残存的信任。**

林颜来咨询时，犹豫地问我："我和我的男朋友之间，真的是爱吗？如果真的是爱，为何这份爱让人如此痛苦，让人忍不住想逃离？为何我不仅没能得到爱的滋养，反而如同身处爱的荒漠，时时感到窒息？"

毫无疑问，这不是爱，而是情感勒索。但它常常以爱的名义让我们深陷其中，无法自拔。我们只有学会应对情感勒索，才能建构起一段和谐健康的关系，并在这段关系中得到滋养。

为什么会被情感勒索

我们为什么会被情感勒索呢？原因很多，但从既往的咨询经验来看，最主要的原因是自我价值感不高。

一个人自我价值感高，就能全然地接纳和尊重自我。这个说法看似简单，实际上很多人都对此有误解，我们需要厘清一下概念。

自我价值感高，并不等于自信。自信，是对自己的能力有信心，我们可以从一次次成功的经验中获取自信。但一个自信的人，并不一定就能避免被情感勒索。很多事业上的成功女性，也会在不知不觉中被情感勒索、被操控。

自我价值感，也无须自我证明。我们无须证明什么、付出什么，才能说明自己是有价值的。我们存在本身，就是珍贵的、值得赞许的。即使我们失败了、做不成某事，我们也依然相信——"我很好"。

简言之，**不假外物，天然地认为自己是值得的，自己天生就是值得被爱的，这才是真正自我价值感高的表现。**

很多人自我价值感低，恰恰是因为他们以外界标准来衡量自己。他们的成长环境、文化背景要求他们将自我价值与外界的评价联系在一起。

自我价值感低的人总是竭力掩盖自己的"不配得感"。他们往往因为幼年时期物质或精神方面的匮乏，在成年后依旧认为自己没资格要求别人做什么，没资格获得美好的东西和生活。似乎只有足够乖巧、足够自立、足够优秀，自己才能被他人、被这个社会接纳。他们从未感受过"无条件的爱"，**习惯了用付出换取爱，默认如果自己不做点什么，就不配拥有爱**。在这种情况下，他们就会轻而易举地陷入情感勒索的陷阱，痛苦且无法自拔。

　　林颜就是在物质和精神方面匮乏的环境中成长起来的。在她的认知里，自己的价值体现在满足男朋友的需求上。在这段关系中，林颜就是那只被拴着线的风筝，任由操控者摆布。即使被丝线束缚，得不到自己渴望的自由，她也不敢挣脱。因为她害怕挣脱了丝线，自己就会成为一只随风飘零、无依无靠的风筝。

　　林颜害怕犯错，害怕与恋人发生冲突，她想不惜一切代价满足所有人的期待。因为她觉得，只有这样，她才能获得爱。遗憾的是，**这种对爱的追逐成了情感勒索的温床**。林颜以为顺从了男朋友就能得到爱，但最终，迎面而来的只有自我挤压和自我矮化。

提升自我价值感，避免情感勒索

自我价值感低并不是无解的困局。我们可以尝试用以下方法来提升自我价值感，避免被情感勒索。

第一，回忆自己曾飞过的高山与河流。我们可以想象自己是一只雏鹰，我们应该为自己飞过的每一座高山、每一条河流感到骄傲和自豪。

每一个人都是独一无二的存在，我们的价值不由别人决定，而由自己决定。试着在每一天结束之际，回想自己的一天，记录下那些让自己感到自豪的瞬间。慢慢地，我们会发现自己的价值，并开始欣赏自己。

第二，肯定每一次飞翔。

我们需要培养自我肯定的习惯。在日常生活中，无论是完成了一项重要的任务还是做了一个小小决定，**我们都应当对自己说："我做得很好，我有能力，也有价值。"** 通过这样的自我肯定，我们将对自己越来越信任，自我价值感也会随之提升。

第三，试着再飞高一厘米。

每次比之前再飞高一厘米，是对自己的超越，也是不

可否认的成长。循序渐进地提升自己会让我们看到更绚丽的风景。

林颜最后一次踏入咨询室是来与我告别的，临走前，她笑盈盈地说："墨多老师，我这只风筝好像长出了翅膀，可以自己飞了。"那天看着她的背影走向马路，米白色的裙摆左右摆动、随风飞扬，恍惚间，我仿佛看到真的有一双翅膀在她身后徐徐展开。她这只看似赢弱的风筝，已经做好了挣脱丝线的准备，要飞向无尽的远方了。

自我价值感的提升，是让我们自由翱翔于天际的翅膀，也是我们面对生活中狂风骤雨的底气。

课题分离，不要背负他人的课题

最近，有这样一条让人"不舒服"的新闻，引起了我的注意。

某高中为了培养孩子们的感恩意识，举办了以"别怕变老"为主题的活动。在学校的安排下，家长们被化妆成白发苍苍的老人，与孩子们面对面站立。校长在台上慷慨激昂地演讲，告诉台下的同学们，父母之所以日渐苍老，是因为他们为子女付出了很多。

很多孩子流下了眼泪，为自己不够努力而深感愧疚，决定以后要好好学习。孩子听话、父母感动，学校的目的是达到了，但活动背后的逻辑却令人毛骨悚然。

学校将父母的苍老归咎于孩子，这种做法是在无形中将孩子放到了加害者的位置上。孩子一旦认同了这种观点，愧疚感便如影随形。**它就像一头巨兽，在孩子们背后追逐。孩子们努力不让自己停下来，并不是因为对自己的人生有缜密的安排，而是因为一旦停止奔跑，就会被扣上"不懂事""不听话"的帽子，继而被巨兽吞噬。**

活在愧疚感里的孩子，不敢善待自己

来访者宇浩，就遭受着愧疚感的困扰。他优秀且上进，刚大学毕业就去了上海，并靠自己的努力找到了一份月薪可观的工作。

拿到第一笔工资时，宇浩犹豫再三，在进行了一番艰难的心理斗争后，他决定好好犒劳一下自己。他去了一家心仪很久的日料店，日料店里的寿司，鱼肉鲜美，珍珠米粒粒分明。宇浩咀嚼着美食，内心被幸福感包围着，忍不住拍了好多张照片，发在了朋友圈。

结果，母亲看到他发的内容后，在家庭群里"问候"他："又去奢侈消费啦？"然后发了一张自己的晚饭照片——水煮青菜和腐乳，再配一碗白粥。接着，宇浩又收到了母亲的消息："我和你爸在家，只有粗茶淡饭的份。"

上学时，宇浩一直不舍得花钱，宁愿穿破洞的背心、破旧的鞋子被室友嘲笑，也不舍得多向家里要钱。他一直记得母亲的嘱咐："咱们家条件真的很一般，能供你上大学，爸爸妈妈已经砸锅卖铁了。"可从后续的谈话中我发现，宇浩的父母是双职工，家庭条件在当地算得上中上水平，根本谈不上"穷得揭不开锅"。

宇浩在看到母亲消息的那一刻，心就像被针扎了一样难受。似乎在朴素的父母面前，自己难得的享受成了一种罪过。日料店的灯光打在他的脸上，他之前愉悦的心情已经荡然无存，仿佛身后那头名为"愧疚感"的巨兽扼住了他的喉咙，压抑的情绪瞬间涌上心头。宇浩笑容垂落，整个人茫然若失，连最后怎么结账出门的都忘得一干二净。

宇浩觉得母亲的做法让他非常别扭，母亲仿佛在说："我和你爸爸为你吃尽苦头，你怎么可以享受？"她确实为自己付出了很多，日复一日地早起为自己准备早餐，在灯光下陪自己熬夜写作业，摇着扇子为自己驱赶蚊虫。这些都是需要感激的，宇浩心里无比清楚。但母亲总是将自己的苦像勋章一样时不时地拿出来展示一下。这不仅没让宇浩感受到亲情的温暖，还给他带来了巨大的压力——**妈妈这么辛苦，我怎么配过得好呢？**

所以，日常生活中的宇浩，也总习惯于亏待自己。他住在离公司很远但房租很便宜的房子里，每天上下班通勤时间长达三个半小时；吃便宜的饭菜；即使生病了也不肯去医院看病，只是自己默默地扛着。因为只要享受生活，家人消瘦的面容、粗糙的双手和劳碌的身影，就会浮现在他的脑海中。**那头名为"愧疚感"的巨兽，渐渐将宇浩的憧憬与爱吞没。**

毋庸置疑，在孩子的成长过程中，父母的付出是难以估量的。适当的愧疚可以成为孩子前行的动力；过度的愧疚，则会阻碍孩子的成长。

父母沉重的爱意，让宇浩感到无奈又窒息。**生活奔涌向前，而愧疚感扯着宇浩的脚腕，阻止他过上更好的生活。宇浩不知道的是，只有与父母给的愧疚感告别，他才能迎来真正的独立。**

愧疚可以，但别让它成为你变好的阻碍

愧疚可以被划分为"健康的愧疚"与"不健康的愧疚"两种。

如果某人因为我们的行为受到伤害，并且愧疚能够使我们积极做出改变，补偿对方、关心对方，这就属于健康的愧疚。比如，我们因为工作繁忙忘记了母亲的生日，导致她闷闷不乐。在这种情况下，母亲受到了情感上的伤害，我们需要补送祝福，再进行其他弥补，这种因犯错而产生的愧疚便是健康的。

而不健康的愧疚，往往是我们自我惩罚的手段。就像前文中的宇浩，母亲的生活方式，并不是因为宇浩偶尔吃一次大餐导致的，这时候的愧疚只会让宇浩徒增压力。

在所有的关系中，只有亲子关系指向分离。随着孩子逐渐长大，父母能够给予孩子的影响越来越小，父母应当给孩子足够的空间去探索自我和认识自我。

然而，这种精神上的分离，不仅是对孩子的考验，也是父母需要面对的一次"精神断奶"。如果孩子不能时刻看到自己、认同自己，那么父母本身该如何存在？总是让

孩子产生不健康的愧疚的父母，自我分化水平往往是较低的。**他们制造了一条隐形的脐带，用愧疚做养料，把远在天边的孩子，从心理上拴在了身边。**

他们是矛盾的，一边希望孩子越来越好，一边又害怕孩子过得太好，走上了一条与自己不一样甚至更好的道路。这对他们来说，无疑是一种心理层面的背叛。

让子女愧疚，是一种隐形的控制方式，也是父母寻求子女关注的一种方式。**我们一直不太明白为什么父母总是喜欢"叫苦"，其实很简单，他们内心真正渴望的，可能只是我们在奔赴属于自己的前程时，也时常转身，看一看他们。**

课题分离，远离不健康的愧疚

当发现自己被那头名为"愧疚感"的巨兽追逐时，我们该怎么办呢？

个体心理学家阿尔弗雷德·阿德勒（Alfred Adler）提出过一个很经典的"课题分离"概念，他主张将关系中的问题划分为"我的课题"与"别人的课题"。

父母的行为，引发了我们内心的愧疚感，在这个过程中，哪部分是属于我们的课题呢？**我们无须为"父母生活俭朴"负责，也无须为他们难过，因为这是他们主动选择的生活方式，并不是由我们造成的，这部分就是父母的课题，需要归还给他们。而因他们引发的愧疚感，使我们不敢追求更好的生活，不敢尝试新鲜事物，整个人被愧疚影响，活得毫不自在，这部分才是我们自己的课题。**

也许是时候直视那头名为"愧疚感"的巨兽了，别让愧疚感把我们困在父母的人生中。我们完全可以大步向前，创造属于自己的生活方式。**我们真正需要诚实面对的，是自己的感受。**在面对愧疚时，我们要学会将父母的课题还给父母，将自己的课题留给自己，这样才能摆脱那头名为"愧疚感"的巨兽的追逐，获得真正的独立。

用人情弱化价值交换，就是想占便宜

对中国人来说，最重要的节日无疑是春节。每到春节，家家户户张灯结彩，相互之间送礼物、拜新年。家里因为亲朋好友间的走动瞬间热闹起来。在外地打工的年轻人，无论相隔多远都会在除夕之前回家，享受"家人闲坐，灯火可亲"的中国式浪漫。

可是，对很多人来说，本该团圆欢乐的新年却成了压力的来源。

无论是要来家中小住几天的亲朋好友，还是只来吃顿饭、走个过场的点头之交，只要上门拜年，都绝不会空着手。每家每户会根据亲近的程度和平日里人情上的往来，决定送上什么样的新年礼物。收到礼物的人，再根据同样的规则还礼。双方都生怕怠慢了彼此。过年期间最常听到的话就是："别跟我客气，咱们两家都多少年的交情了。""这红包是给孩子的，你让他收着。"

人情像一根根极为纤细的线，密密麻麻地绕在一起，织成了中国人的生活。

善于处理人际关系的人，会在自己的关系网中如鱼得水；而那些在人际关系中感到困顿的人，则会被困在这张网中，寸步难行。

"人情"让人有苦难言

去年除夕回家的时候，我应班长的邀约参加了初中同学聚会。一进宴会厅的门就看到里面觥筹交错，一晃大家都已变成了青年人。落座后，我发现右手边是多年不见的初中同桌，从我认识她开始，她就很擅长处理各种人际关系，能照顾到每个人的感受，一直是我们班的"人气王"。但在饭桌上，她给我讲了一件困扰她很久的事。

　　她现在定居在她就读的大学所在的城市。当初毕业时之所以选择留在这座城市，是因为她在学校里认识的同学、朋友大都留在此处工作了。她想着自己的人际关系资源都在这里，生活、工作也会相对轻松一点，于是就在当地找了一份稳定的工作。

　　对于她要留在那座城市发展的决定，全家人都很高兴。其实，早在她收到大学录取通知书的时候，她的父母就表达过希望她将来能够留在那座大城市里发展的想法。这样不但父母能更有面子，还可以为家族中那些想去大城市发展的亲戚铺一条路。

　　工作两年后，一个远房表哥打算来她所在的城市发展，想让她帮忙安排工作。她的父亲也打来电话，说自己已经在家族聚会上答应过她的表哥，这个忙无论如何也要帮，否则会很丢人。没办法，她只能托关系帮表哥安排了工作。

　　说到这，她灌下一大口啤酒，无奈地说道："我当时是想着，怎么说我也在这座城市打拼两年了，决不能让亲戚们小瞧我和我们家，于是一咬牙就答应了。但我也没想到，他是个那么麻烦的人。"

表哥进城之后，先是暂住在她的家里。表哥因为不想挤地铁去上班，就麻烦她每天上班之前先开车把他送到公司。因为要绕路送表哥上班，她每天都要提前两小时起床。后来她实在受不了了，只能把车让给表哥开，自己乘地铁去上班。

没想到，表哥才拿下驾照不久，又不熟悉该市的路况，刚一上路就违反了交规。她赶紧去缴了罚款，消除违章记录。表哥看着她忙前忙后，非但不帮着出钱出力，反而躺在家里怡然自得。

因为不想让老家的亲戚们觉得自己没用，她将这些事都忍了下来。没想到表哥得寸进尺，先是在工作期间跟上司吵架，被开除后又整日在家里喝酒叫骂，晚上吵得邻居来敲门投诉。

她为此整日焦头烂额，可表哥非但没有要离开的意思，反而变本加厉地酗酒。他把表妹的家当作自己的住处，时不时招来狐朋狗友打麻将。"前天他甚至还向我提出，要把在老家的孩子带来城里读小学，他瞪着眼睛要我赶紧办，否则就要在家族群里好好地告我一状。"老家的父母也打来电话，让她找找关系再帮表哥一次。

她十分为难："我要是不帮他，等他回了老家，还不知道怎么和别人说我。可要是再帮他，前前后后我也花了不少钱和精力，实在是吃不消了。"

表哥的要求、父母的希冀、家乡亲戚们对自己的看法，她感觉自己困在这三者之间转来转去，没有一刻清净，每每想到都会觉得头疼。每天忙碌了一天回到家，她推开门看到的却是满地的烟头和酒瓶；小心翼翼地避开垃圾堆回到自己的小屋，锁好房门，却无法隔绝麻将的洗牌声和陌生人的嬉笑声。逐渐地，她回家的时间越来越晚，下班后就在便利店解决晚饭，然后便漫无目的地在公园里闲逛。她在黑夜中抬起头，看到自己家的灯散发出微弱的光芒。但除了逃避，她也不知道自己该何去何从。

让人头疼的面子

提到人情世故，就不得不提到一个词——面子。国内的很多社会心理学家都注意到了"面子"对中国人来说的重大的心理意义，并对此做了深入的研究。"面子理论"中提到：面子是指每个人在社交环境中争取的被认同、被尊重和被赞扬的需求，同时包括对自己形象和声誉的主观感知。它是一个人自尊心和社会地位的体现。

我的同桌之所以在要不要继续帮忙的抉择中两难，很大程度上就是因为她太过于在乎自己和自己的父母在家族中的"面子"。因为不想被亲戚们小瞧，她让表哥到城里工作并为他提供帮助；在表哥做了种种过分的事情后，仍因担心亲戚们会说三道四而不敢拒绝表哥提出的过分要求。

在表哥一次又一次不合理的要求中，她已经忘记了自己和表哥只是简单的远房表亲，对表哥的帮助已仁至义尽，反而把帮不帮忙与自己和父母在整个家族中的"面子"联系起来，这正是她陷入困境的根本原因。

"关系"也要分等级

如果一个人经常来求你帮忙，而你每次也都恰到好处地帮助了他，那么在下一次他向你寻求帮助时，你拒绝了他，你们两个人谁的心里会更不舒服呢？

答案是，更不舒服的人会是你，而不是他。因为这种做法破坏了你一直以来的"印象管理"。

印象管理是指人们会用一些方式去影响别人对自己的印象，让他人对自己的印象符合人们自己对自己的期待。很多时候，我们之所以愿意帮助一个关系没有那么好的人，大多是因为我们想要给对方留下一个好印象。

一旦掉进了"印象管理"的逻辑陷阱，我们就很难看清楚在这段关系中我们究竟得到了什么，又失去了什么。

我们需要学会的是：按照关系来帮忙。

人与人之间的关系可以分为工具型关系、情感型关系和混合型关系。

工具型关系意味着我们和对方除了固定的功能联系，不再有多余的往来。比如，我们和超市的收银员、加油站的工作人员就是这样的关系。情感型关系意味着我们与对方有着浓厚的情感联系，如我们和父母的关系。混合型关系介于工具型关系与情感型关系之间，也就是我们和对方既有一些功能联系，也有一些情感联系，但都不多。

针对这三种不同的关系，有不同的相处法则。

在工具型关系中，我们应该持"公事公办"的原则来处事。该怎么做就怎么做，该做什么就做什么，双方都不越过彼此的界限；对于情感型关系，因为我们和对方有着深厚的情感羁绊，所以只要不是特别过分的要求，我们应该尽力帮忙；混合型关系处于以上两种关系的中间位置，也是我们的人际关系中最为常见的一种关系。在这种关系中，我们应该持公平原则来处事。也就是说，我们付出多少，就应该收到多少回报；一旦付出与回报不对等，我们就要尽量远离这段关系。

面对从小到大都没什么来往的远房表哥，我的同桌尽心尽力地为他提供帮助。在不但没有换来对方的尊重与回报，反而还被表哥变本加厉地威胁之后，同桌应该做的是立刻停止付出，不再在这段关系上消耗自己。

不合理的人情往来会让社交网络变成杂乱的线团，面对这样的关系，一定要快刀斩乱麻。当断不断，反受其乱。 我们要把有限的精力、资源等放在正确的地方，千万不能因为面子而糊里糊涂地付出所有。

在人情关系网中，我们既是编织者，又是被束缚者。每个人都是这张大网中的一个节点，我们的生活、事业、家庭都与这些节点紧密相连。 然而，无论我们多么努力地想要维系那些看似可靠的人情关系，我们都无法预知这些关系在何时何地可能会破裂，使我们陷入困境。

作为人情关系网中一个独立的节点，我们自身价值的高低并不由与他人关系的好坏来决定，而是由我们自己来决定。**在每一段关系中，我们只有寻找到让自己舒服的相处模式，让这张错综复杂的网保持平衡，才能使以后的每一步都走得更自由。**

第四章

自愈：停止情绪内耗，与自己和解

在这个世界上，很多我们以为与别人有关的事，其实都与别人无关。我们苦苦挣扎，不过是因为自己内心的执念。

请拥抱和接纳自己的一切，坦然地面对人生的悲喜，做个情绪成熟的人。

自我觉察，与情绪化敌为友

某天傍晚，我在开车时接到一个朋友的紧急电话。我立即靠边停车，接通电话，问她发生了什么事。

她火急火燎地对我说："最近我真的快气疯了，又和同事吵了一架。他们一个个的，都在针对我！"

我引导她慢慢说，说清整件事的原委。

"下属们不知道怎么了，一个个懒懒散散，好像都在和我对着干，周会上我说东他们往西，平时布置任务的时候也讨价还价，我实在憋不住火，大骂了他们一通。"

我等她说完，再次询问："看得出来，你最近确实压力很大。那现在呢？好点了吗？"

她平静下来，缓缓地说："不知道为什么，看到他们这么不配合，我那股无名火'唰'的一下蹿了上来，怎么都压不住，和以往的生气还不太一样。"我心里替她高兴，她能觉察到情绪的异样是一件好事。

"那是怎么不一样呢？"我继续问她。她答道："我最近手头要忙的事可太多了，以往就算他们犯再大的错误，我也不太会当面发火，但这次不一样，这股怒气仿佛积压了很久，像一堆一点就着的稻草。"

说着说着，她的语气从愤怒转为委屈："今天我从天没亮一直忙到傍晚。看着夕阳慢慢落下去，办公室一片昏暗，我的心情就特别不好，总感觉有一种铺天盖地的焦虑感朝我奔涌而来，仿佛这空空世界里，只剩下我一点点地被暮色侵蚀。心像被一只手攥着，想哭。我真的很想把事情都赶紧做好。谁没有难处呢？可光难过、委屈有什么用？工作还是要一件件地完成。但我渐渐发现，我好像再也没有办法忽视自己的情绪了。"

我说："听上去真的很难受。我们不妨静下来、慢下来，先不去想现实中发生的事情，就让情绪自然地出现。

不要排斥它，不要打压它，不要逃避它，就让它静静地在那里，你静静地看着，静静地陪伴着它。或许，这时你能更加清楚地认识到引起焦虑、痛苦的原因，你就不会感觉那么压抑了。"

她"嗯"了一声，半晌都没有再说话。过了一会儿，她才轻轻地开口："我一直急着解决手头上的事情，不想让自己陷入焦虑，但事情好像总是忙不完。在承认和接受自己的情绪后，我反而觉得好一点了。其实，我心情不好，也不完全因为工作上的事。"

电话末尾，我们约好了下一次详谈的时间，同时我也叮嘱她，再有这种情况出现时，先觉察自己当下的情绪，允许和接纳情绪的产生并与之共处，再去探讨情绪产生的原因。

学会觉察，练习"回到当下"

正如朋友经历的那样，负面情绪是很难通过忽视和压制消除的，它更可能是在我们还没觉察的时候一点点积累起来，然后在将来的某一天集中爆发。就像一堆被暂时放置在角落的垃圾，当我们关注整体空间时，会暂时忽略这些垃圾；但随着垃圾不断堆叠，总有一天我们会注意到垃圾的存在。

忽视和压制只会让负面情绪越积越多。对于负面情绪，我们应当采取更加合理的应对方式。朋友在向前奔跑时，忘记了安顿好内心，情绪被长期忽视，焦虑本是内心中的一点火星，在不经意间竟发展成燎原之势。

学会觉察，可以帮助我们及时感知、排解负面情绪，不至于让负面情绪越积越多。

觉察力是将潜意识意识化的能力，也是保持情绪稳定的必备能力。《情商》的作者丹尼尔·戈尔曼（Daniel Goleman）认为，觉察是拯救自己的最后一根稻草，它能帮助我们跳出第一视角来看待自己。

那么，我们该如何践行觉察呢？

当我们感觉到有情绪来袭时，可以先暂时放下手头的事情，闭上眼睛，做三次深呼吸，让注意力集中在自己的情绪上，不抵抗，不评判，只是全神贯注地去感受。

接着，试着在心里描述自己的情绪：是"伤心"，还是"愤怒"，或是其他情绪；还可以说一下自己身体上的变化，如心跳是否加快、呼吸是否变得急促。如果有可能，我们也可以探究一下引起情绪的原因。

做完前两步后，可以慢慢睁开眼睛，回到现实。这时，我们会发现自己的心境已与之前有很大的不同。对待情绪，不忽视、不较劲，保持悦纳、耐心、友善的态度，人生画卷自会在我们面前徐徐展开。

学着与负面情绪化敌为友

情绪是我们内心最真实的反应。每一次负面情绪出现，都像一枚铃铛响起，提醒我们：内部有问题、有需求要被我们看见。不管遇到什么事，我们应先觉察自己的情绪。**允许情绪自然流露，允许感受充分表达，就在当下。**去看看我的内在发生了什么？真实的自己到底是什么样的？我为什么会产生这样的感受？只有不断地在情绪中看清自己的思维模式和旧日创伤，才有可能得到疗愈的机会。

相信我们都有过被负面情绪控制的体验。每一次被负面情绪控制，其实都是在失去。但我们失去的并不是"理智"，而是"当下"。如果我们发现自己有大量的负面情绪，从根本上说，要么是因为过分关注过去——责备自己或他人；要么是因为过分关注未来——对未知恐惧、忧虑。**解决的方法很简单，就是看到过去的不可逆转和未来的虚幻性，专注于当下。**

对于负面情绪，如果我们能够接受它、感谢它，把它当作一种提醒，它不但不会伤害我们，反而会促使我们改变和成长。每当提醒的铃声响起，并不代表坏事将近，而是情绪在告诉你："你该关照关照内心了，那里有被你长期忽视的东西。"

探寻情绪背后的真相

在能够觉察自己的负面情绪时，改变就已经发生。但光有觉察还不够，我们还需要更深层次地探索情绪产生的原因。看清自己背后的需求，才能更好地处理情绪、安抚情绪。

后来，我和那位朋友又详谈了一次。她姗姗来迟，说是刚写完营销方案，又急匆匆地把孩子送去上辅导班，过来的路上堵车了。我对她这种忙碌且不知疲倦的生活方式感到好奇，也在这背后嗅到了一丝存在已久的焦虑的味道。

"认识你很多年了，你好像一直都这么拼命。上次也是，都那么焦虑了才打电话给我。"

她的回答印证了我的猜测："没有办法，穷怕了。刚工作那会儿，十五块钱的盒饭，我分两顿吃，同事们都说我是小鸟胃。其实，我哪是小鸟胃，是真舍不得吃啊！后来，他们知道我没钱，有什么活动也渐渐不再叫我一起去了，就这样我和大家越走越远……"

我大概明白过来，她被同事忽视时感觉愤怒、在工作没有进展时深感担忧，其中一部分原因来自当下，而更大一部分原因来自过去。过去的无力感仍然存在，就像一堆堆在角落的垃圾，在当下才被注意到。那些记忆再次被唤起，对贫穷的恐惧、对疏离的无奈等情绪一下子涌现出来，不知不觉间让她感觉自己又回到了初出茅庐的时候。

这位朋友在面对态度懒散的下属时，明明可以公事公办地要求他们正视工作，却误把自己当成从前那个被疏离的自己，一言不合，就和同事大吵一架。而人，只有感到自己内在弱小的时候，才会用吵架的方式证明自己的强大。

我将我的想法说给朋友听，她的眼睛一下子亮了起来，说："好像真是这么回事儿，我居然一直都没有意识到。"

过了一段时间，我们再次联系，言语间，我感到她整个人松弛了不少。她告诉我，通过不断练习觉察情绪，她已经学会了在情绪爆发时将自己拉回平静状态。每当负面情绪涌来，那枚铃铛叮当作响时，她不再奋力抵抗，而是静静地感受情绪的风暴逐渐席卷而过。

"感到焦虑的时候，心扑通扑通地跳，我就试着问自己：'当下的状况真的有那么糟糕吗？是不是过去那些不好的感觉又冒出来了？'想清楚后，不开心的次数就少了很多。"她的坚韧与成长打动了我。在她身上，负面情绪真正变成了自我觉知、自我探索的工具。我相信，她虽然偶有低谷，但低谷之后一定能看到更开阔的天地。

我很喜欢《无人知晓》中的一句话："未来无人知晓，但我愿意放手，愿意纵身一跃，愿意去冒险，愿意相信自己的身体和心，愿意在场。去体验，去经历，去把自己变得更加丰盈、专注和放松，最终我允许万事万物穿过我自己。"

祝你我，享受当下，无论好坏。允许万事万物穿过自己，接纳真实的自我。

与孤独握手言和，学会高质量独处

人流熙熙攘攘，我们虽不停地与人擦肩而过，但是想要找到能相知相守的另一个人却异常困难。

一路走来，几乎每个人都有被抛弃、被遗忘、被伤害的经历，这些如切肤之痛般的经历被我们紧紧锁在不开灯的心理牢笼中，只等深夜冲破牢笼侵蚀我们的心。

有人说，成人的崩溃是无声的，成人的孤独也只能独自消解。

孤独，是成长过程中绕不开的话题。

从呱呱坠地开始，我们在母亲的臂弯里苏醒，在父亲的庇佑下茁壮成长，却终有一天需要独自面对风雨。有的人习惯独处，一个人逛公园、看电影、踏遍广阔河山，怡然自得；而有的人，即使在人海中欢呼，在闹市中穿梭，在饭局上推杯换盏，仍觉孤独。

孤独本是常态

那么，孤独到底是什么呢？

存在主义心理学家欧文·亚隆（Irvin Yalom）把孤独划分为三类，分别是人际孤独、心理孤独和存在孤独。

人际孤独主要是指我们与他人的分离。比如，缺乏社交技能，在新的环境中找不到交心的朋友。

心理孤独比较特殊，是指我们与自己内心的情绪体验割裂，强迫自己压制真实的情感和欲望，以此避免可能遭受的伤害，取而代之的是"我应该""我必须"。

经常有来访者对我说："我不知道自己喜欢什么、不喜欢什么。"**他们内心最真实的部分，像一间尚未被打开的、从未被探索过的暗室。**这些人中，不乏一些成功人士、商界精英，他们顺着一条道路按部就班地前行，过着比较安稳的人生。但当年纪大一些时，他们才惊觉对于自己而言，他们还只是个陌生人。

心理孤独的人仿佛一具没有灵魂的躯壳，活成了别人要求的样子，却唯独不知道真实的自己姓甚名谁。

存在孤独是一种更加本质的孤独。这种孤独是我们生而为人难以摆脱的状态。即使与外界有着健康良好的连接，有着高度的自我整合，存在孤独也不会消失。**"存在孤独是指，个体与其他生命之间存在的无法逾越的鸿沟。"**

索伦·克尔凯郭尔（Soren Kierkegaard）曾说："我们都是被抛来这个世界上的。"孤独地降临，也孤独地走向死亡。无论我们与亲人的关系多么密切、与伴侣如何甜蜜、与朋友多么无话不谈，也终究无法改变一个事实——我们无法彻底理解彼此，无法完全消除孤独感。**存在孤独，更像是一种生命的底色，我们消除不了，只能带着它生活。**

无法避免的孤独

那是一个晴天，咨询室里来了一个很不一样的女人，短发，一身职业装，腰板笔直。女人打着电话进门，边走近边冲我点头微笑。电话中的人似乎在不停地向她发出邀约，她大笑着说："今天约了人，有空一定大家聚一聚。"终于挂断电话。电话的另一边根本不知道她状态极差，已经到了需要心理咨询的程度。初次见她，她给我一种健谈开朗的感觉，但听了她的困惑后，我却感受到了这种开朗背后的哀愁。

来访者叫筱卉，今年 30 岁，大学毕业之后一直从事销售工作。她每天都需要维护客户关系，带着礼品当面拜访客户，询问购买意向。经常在结束了一天的工作后，嗓子干哑，笑容也僵在了脸上。

筱卉从不诉苦，朋友圈里，她是严格执行"六度分隔"理论的"社交女王"。她经常把"通过六个微信好友，我能认识全世界"这句话挂在嘴边。作为公司蝉联多年的销售冠军，她在很多领域都有自己的人际关系资源。无论是朋友还是客户，有需要帮助时，总是能想到她。可是，这些看似热闹的圈子从来没有让她感到真正的快乐。她对我说，她总是感到异常孤独。

她的情绪是突然出问题的。一次拜访完客户，走出办公楼，她记得很清楚，那天的天气很好，阳光洒在树叶上泛出金色的光，她想找个人说一句："这棵树也太漂亮了，我好像从来没有见过那么好看的树。"

但她向四周看了看，只有沉默运作的旋转门和黑压压的大楼，她身旁空无一人，始终空无一人。

那天她在那棵好看的树下哭了很久，含着眼泪打开手机想跟朋友说两句话。但她翻遍了长长的通信录名单，没有找到一个能安抚她低落无助情绪的人。

筱卉的表达欲望非常强烈，但在咨询刚开始时她因担心不被咨询师接纳而有所顾虑。在我的逐步引导下，她终于说出了心底的想法。能看得出来，她已经很久没有对别人敞开心扉了，我也感谢她能够信任我。

"平时根本没有人愿意听我说这些，我也不敢说。"因为学历低、起点低，筱卉内心始终隐藏着深深的自卑感。为了保护脆弱的自己，无论工作还是社交，她总会刻意表现得非常积极，以防被人轻视或孤立。

可她内心柔软细腻的部分，仍在游荡着，渴望倾诉和被爱。 "我自己待着时总是会想，如果有个男朋友就好了，如果可以歇一歇就好了……但是每当这种念头冒出来时，我都感觉很羞耻。出身、学历都比不上别人，我只能不停地努力。"筱卉不允许自己脆弱，她一次一次擦干眼泪，投入新的战斗。

夜长路远，她一直踽踽独行。

筱卉说，自己作为销售人员，总是免不了要陪客户吃饭，有时喝酒喝到头晕目眩也不敢离席，强撑着笑脸熬到散场，送完所有的人，再独自打车回家。深夜回到偏远的出租房内，迎接她的永远都是冰冷的灯光和静默的氛围。

对内，筱卉对真实的自己的认识早已模糊，更不要说接纳真实的自己；对外，筱卉戴着面具示人，拒绝让别人真正走进她的内心。虽然她看起来有许多朋友，每天在不同的聚会间穿梭，但这些都无法真正排解她内心的孤独。

通过我的讲解，筱卉了解了孤独的成因，也对自己的情绪有了更深层次的认识。

存在孤独无法消除，但大多数人的痛苦其实源于人际孤独和心理孤独。那么，我们该如何应对它们呢？

如何与孤独共处

第一，淡化"孤独羞耻感"。

每个周末，我都会抽出一天独自逛逛公园、看看展览。刚开始，我总是隐隐担心：独来独往会不会看起来有些奇怪。如果再与身旁群聚的人们比较，内心难免会产生寂寥之感。

后来，我在路上发现不少和我一样的年轻人，他们背着背包、戴着耳机，很自在地于城市中穿梭，步伐轻快，状态自由。看到有这么多同路人，我内心的"孤独羞耻感"减轻了不少，渐渐地将"我好孤独"这件事抛在脑后。

孤独，是每个人都需要面临的人生课题，不必因孤独而感到羞耻。相反，**请好好享受那些独自一人的时刻吧，那是滋养内心的好机会，倾听心灵的好时机。**

第二，创造性独处，与事物建立联结。

应对孤独还有一个方法，就是向内探索，发掘自己真正感兴趣的事物，并与它们建立联结。

兴趣要符合两个条件：第一，它让我们有成就感；第二，它让我们感觉生活美好。要想找到自己的兴趣所在很简单，我们可以翻看自己的手机相册，看看大部分的照片是关于什么的；可以观察自己一天，除工作外，花费时间最长的事是什么；也可以找出一张白纸，直接写出"我喜欢做 ××"。

自己感兴趣的事不一定要做得多么熟练、多么专业，也不要给自己定下"我要每天练一小时书法，画一幅素描……"这样的任务，否则很可能会抹杀热情。只有随心而行，才能把热爱发挥到极致。

我们在享受乐趣的过程中，还可以参加一些兴趣群组和线下活动，比起无目的的社交，这些活动更容易让我们获得内心的归属感。

第三，允许自己脆弱，倾听内心的声音。

孤独不是一种生存状态，而是一种内心体验。有的时候，即使身处热闹非凡的人群之中，我们也会感到无比孤独。不能在他人面前真实地展露自我，害怕不被接纳，是孤独的根本原因。就像筱卉，因为害怕被轻视和孤立，即使身心疲惫，也会在朋友面前展现积极的一面，依然会在接到客户电话时立刻进入工作状态。

我们把内心的担忧与恐惧投射到外界，并默默地在自己心里筑起铜墙铁壁，阻挡其他人进入。一边难过地说"没有人愿意靠近我"，一边把自己包裹得更严实。有时，我们穿上厚厚的铠甲，不是因为外界有多可怕，而是内心的不安全感在作祟。

咨询结束前，我送了筱卉一句话：**"外面没有别人，只有你自己。"**不要寄希望于外界，没有人能够透过面具发现你的脆弱。很多时候，他人就像一面镜子，会把你展现出来的样子反馈给你。你是可依赖的，大家自会依赖你；你是需要关怀的，大家自会关怀你。试着在让你安心的朋友面前展露一些软弱吧！你可以说一句"我好需要你抱抱我"，也可以像孩童般放肆地哭泣一次。总之，请大胆地做你自己吧。

当你小心翼翼地向世界敞开心扉、袒露脆弱，甚至大声哭泣时，你会发现你可以相信这个世界，可以拥抱爱人，可以拥有真挚的友谊，你不是孤身一人。

全然沉浸当下，走出焦虑旋涡

你感受过时间静止吗？

小时候，夏天晚饭后，我喜欢与奶奶坐在河边的树下，蒲扇划开风唱起"呼呼"的歌，与蝉鸣合奏，月光洒在河面上碎成一片。我与奶奶静静地坐着不动，时间似乎也忘记了流逝。

那时我还不懂什么是未来，什么是竞争与拼搏，更不知焦虑为何物。那时从没有人呼吁"活在当下"，大家却都活在了当下。**没有对过去的懊悔、对未来的担忧、对自己的质疑，没有瞻前顾后与心烦意乱，唯一存在的，只有**

此时此刻。正如作家埃克哈特·托利（Eckhart Tolle）所说：

"时间只是一种幻想，唯一珍贵的只有当下。"

而如今的夏天，已然与往日不同。

城市的夏天极其闷热，骄阳毫不留情地烘烤着人们，带来难以抵抗的躁意，空气中弥漫着焦虑不安。街上的路人行色匆匆，他们紧盯着手机，生怕错过任何一条消息。格子间里的上班族被一项又一项工作的截止日期追赶，在键盘上疯狂敲击。学生被繁重的课业压得喘不过气来，连坐在交通工具上也要抽空打开书，多挤出一分一秒来学习。**大街上没有悬挂时钟，可我隐隐看到一座巨大的时钟拔地而起，每个人跑在表盘上，赶在"滴答"声里。**

此情此景，让我不禁想起了多年前，那个忧心忡忡的小女孩。

过去的苦涩，侵蚀着如今的我们

女孩楼照是我多年以前的一位来访者，她在一个蝉鸣不休的早晨到来，其具体模样已模糊在时间的河流里，但我仍然记得她眉间深深的褶皱与充满忧思的大眼睛。

楼照在一家大型企业工作已经快两年了，从最初的屡屡被训、被当作"小透明"、被边缘化，到后来的得心应手、游刃有余，她花了整整一年半的时间。然而，她刚准备安心享受职场平稳期时，却突然接到上级通知，公司有计划半年后将她调往另一个城市担任管理层。

楼照很怕接触新的环境，内心的担忧和焦虑让她彻夜难眠，她的脑海中预演着各种可能遇到的困难，整个人越发憔悴和沮丧。她选择在天亮后向我求助。见到我后，她一口气抛给了我三个问题——"和新同事相处不好怎么办？""工作干不好怎么办？""管理失误被开除怎么办？"这三个问题重重地砸在咨询室内，让整个屋子的气氛都低沉下来。

阳光透过玻璃窗照在楼照身上，她的背后出现了一抹长长的黑影。那抹黑影就像暗夜中的一只猎犬，把楼照追逐得只能疲于奔命。

她的迫切感，使我产生一闪而过的不适。在她提问时，我有一种奇怪的感受，仿佛坐在我对面的不是一位花季少女，而是一位操劳多年、保守悲观的中年男子，她不信任自己的力量，在臆想的灾难中无法脱身。

容易为未来焦虑、无法活在当下的人，脑海里总是漂浮着一堆问号。他们就像刚刚遭遇了海难的幸存者，除了一根写满恐惧和忧思的浮木，找不到其他可靠的抓手。

被对未来的担忧情绪笼罩，楼照几乎无法正常工作，工作的错误率高到离谱，险些被辞退。她向我倾诉着一切，眼泪在眼眶里打转，似乎在等待一个答案。

在我的引导下，楼照透露了自己更多的经历。

楼照说，不知从什么时候开始，焦虑已经成为她面对困难时的本能反应。每当遇到重大事件时，她整个人就会不由自主地紧绷起来。比如，毕业之后找工作时，她会提前进入"战斗状态"，每天投递上百封简历，隔十分钟刷新一次邮箱，查看回复。一天没有收获，就一天难以入睡。

楼照说，自己是在父亲的"恐吓"中长大的。父亲最爱说两句话，一句是："你这副模样，以后怎么养活自己呢？"另一句是："别以为生活容易，要做最坏的打算。"

父亲的这两句话如同洪水猛兽驱赶着楼照，她只能闷着头不停地奔跑，一刻也不敢停下脚步。因为她很害怕，一旦停下，她就真像父亲所说的那样成为养活不了自己的废物了。

像楼照一样容易焦虑、无法活在当下的人，有一个共同特质，就是非常爱做"灾难化"的想象，即使这些想象大多是不可能发生的。

比如楼照，她担心任职新的岗位后，会和刚入职这家公司时一样，被当作"小透明"，被忽视，能力得不到认可，每天郁郁寡欢。但她忘了，现在的她已经不是当时初出茅庐的毕业生了，丰富的工作经验早就可以使她独当一面，想象中的情形其实很难发生。

被焦虑笼罩时，我们倾向于低估自身的力量。焦虑的情绪就像一片乌云，遮住我们所有的光亮。

要想走出焦虑的旋涡，我们需要拥有把自己"拉回当下"的能力。

全然沉浸在此时此刻

容易焦虑的人，往往头脑高度活跃，脑海中的思维碎片不停翻飞，思绪已经飘到了遥远的未来，但行动依然停滞不前。

要想扭转焦虑的状态，我们需要学会"穿珠子"的本领。

心理学家菲尔·施图茨（Phil Stutz）在纪录片《施图茨的疗愈之道》中介绍过一种理念，他认为人的生命历程就像是在穿一串珍珠项链，我们经历的每一件事情，就是项链上的一颗珠子。担忧未来的事情，则会导致手头的珠子无法正确地穿在项链上。

施图茨还认为，我们需要平等地对待每一颗珠子，因为累积的小事往往有难以估量的能量。早晨按时起床与思考未来一样重要，每天都运动与好好学习一门课程也一样重要。它们都是生命之链上的珠子，我们只有把它们一颗一颗地穿起来，整个项链才算完整。

所以，当你躺在床上因忧虑未来而辗转反侧时，不妨让大脑停一停，起身做点小事，比如出门买个菜、下楼散散步，或是仅仅拉开窗帘，让阳光照进屋子。一旦行动起来，一切都会慢慢好转。

除此之外，要想抵抗焦虑情绪、充分活在当下，我们还需要培养内心的力量感，也就是相信自己拥有能够应对未知处境的能力。

我们之所以会为未来忧虑，是因为未来对于我们来说，总是模糊的一团。去陌生的城市就职、接触新的同事，未知的情形确实会让人感到心慌，但很多时候，困住我们的并不是困难本身，而是对困难的想象。**停止不切实际的焦虑，相信自己的能力，把时间用在行动上。当下的每分每秒，都是生命赋予我们的珍贵礼物。**

将日子填得丰满一些，这样，在迎着黑夜行走时，内心也会无比充盈敞亮。

允许一切发生，接受无法掌控的事

不久之前，我应邀去友人家做客，我们坐在茶几边品茶聊天，他家四岁大的小儿子趴在地毯上玩着一幅儿童拼图。

细抿一口普洱老茶，甜香弥散，口舌生津，喝得我直想闭上眼睛在傍晚的余晖中安静地打个盹儿。谁知，还没等我细品这茶香的余韵，孩子的一声哭喊便打破了这份宁静。

只见他举起两片拼图，扭头看着他的爸爸，小眼泛红，嘴角委屈地下垂，呜咽着说："爸爸，拼不起来！"

孩子将两片颜色相近的拼图碎片不停地相撞，试图让其拼在一起。但无论如何，它们之间始终有一条难以弥合的缝隙。

可能孩子觉得，两片拼图碎片长得相似，就能拼在一起；如果拼不起来，就是自己不够用力。于是，他怎么都不肯妥协，不停地碰撞着手中的两片拼图碎片，最后自己逐渐失去耐心，只好向大人求助。

人们总说："只要努力，你就能做成任何事。"但就像拼拼图一样，很多事情并不像看起来那么简单。

强行控制无法控制的事情，就好比我们想吃梨，却一直在灌溉一棵桃树。我们每天给它浇水、施肥、除虫，结果却费力不讨好。有时候，真的不是我们不够努力，而是生活无常，无法左右的事情太多了。

靠"使蛮劲"生活，往往花光了力气去浇灌，也得不到想要的果实。

拼图事件让我想起了一位老友，她有一位"鸵鸟型"丈夫。夫妻间一旦发生冲突，丈夫就会闭起眼睛往沙发上一坐，不理会任何纷扰。丈夫拒绝解决冲突令她相当痛苦，她尝试了各种方法希望丈夫明白，这种沟通方式伤害到了她，一定要改过来。

这分明是一件简单的事情，可丈夫就是做不到。她一次次地沟通、吵架，甚至以离婚相威胁，都没能改变状况。她急得四处求教，时常怀疑两人的感情已成一碰就会破的泡沫。

直到有一次，她和丈夫去婆婆家吃饭。婆婆因为公公睡懒觉耽误了买菜和遛狗，就开始埋怨公公。婆婆越说越生气，整张脸涨得通红，一场夫妻间的大战即将爆发。接着，奇怪的事情发生了——仿佛感知到冲突就要到来，公公突然闭上了眼睛，躺在摇椅上沉默不语。这让她猛然想起丈夫的反应，仿佛她公公的翻版！

那一刻，朋友的眼睛瞪得圆圆的，仿佛发现了惊天秘密。紧接着，一股前所未有的轻松感席卷她的全身。原来一切都有迹可循，这种应对冲突的模式是丈夫从小耳濡目染习得的。想要他立马做出改变，也许真的很困难。"承认自己无能为力的那一刻，我好开心。"她对我说。

很多时候，不是事情在难为我们。不放过我们的，可能是内心对"失控"的恐惧。**直面自己的无力感，也许是一种解脱。**

太想掌控，是害怕面对无助的自己

一谈起"掌控欲"，我们首先想到的可能是叱咤商场的精英、高期待的父母、不苟言笑的领导。他们看起来强大又难以亲近，和他们相处总是感觉有些压抑。**实际上，掌控欲更容易出现在安全感低的人身上，他们很容易被外部环境影响，如果无法控制事情的发展，他们也总是从自己身上找原因。**

像我的那位女性朋友，一心想要帮丈夫改掉回避冲突的习惯。一方面确实是为了两人的关系，另一方面则是为了安抚自己内心的不安。因为在她的眼里，丈夫的不回应直接与不爱她画上了等号，丈夫的每一次冷处理都让她的内心备受煎熬。殊不知，这样应对冲突的模式和爱不爱她完全没有关系，只是她的丈夫从原生家庭中习得的一种模式而已。

太想掌控和改变现实的人，往往习惯于自我苛责，外界的任何负面反馈都可能牵动他们敏感的神经。

这让我想起了自己的经历。刚毕业时，我非常想去一家头部心理咨询机构工作。于是，我在网上投递了简历，并有信心能够收到面试通知，结果却杳无音信。我为此消沉了很久，一直在反思，是不是我的简历做得太差，或是我根本不够优秀，才导致了这次惨败。

大约半年后，我重整旗鼓，再次投递简历并入职了那家机构。偶然在一次和直系领导交流时我才得知，半年前他们根本没有招聘意向，网站上发布的招聘启事只是忘记撤销了而已。

我心里好像有什么东西在破土而出，温暖且有力量。那阵子，我走在公司里，连步伐都轻快了起来。因为我发现，原来事情的"失控"和我的能力并没有直接关系，不是我不够好。

人的成长过程，就像在内心栽下一棵树苗，人生中各种各样的无序与意外就像树的枝杈。随着树苗节节拔高，枝杈也会肆意生长。在此期间，人们会经历一段时间的"秩序敏感期"，也有人将它称为"执拗期"。

这个阶段的人们十分需要秩序感，小到物品的摆放位置变化，大到一件事情的发展未按期待进行，都会引发他们强烈的焦虑与不安。

拼不到一起的拼图、不合心意的丈夫、得不到的工作机会……这些事情的背后其实暗含的是对"失序"的焦虑，以及对美好期待落空的失望。

秩序感固然是人的正常需求，就像定期修剪枝杈也是树的需求一样。但一棵能茁壮生长的树，一定不是被过度修剪过的。**保留一些参差错落，允许一些失控与无序，反而能彰显一种生命力。**

向内在寻求安稳

我们该如何放下过度的掌控欲呢？

哲学领域的斯多葛学派有一个非常著名的理念，叫作"控制二分法"。这个方法是说，当我们被外界影响，情绪起伏剧烈的时候，可以用理智想一想，影响我们的事情有哪些部分是我们能控制的，哪些是不能控制的。去争取控制那些我们可以掌控的部分，剩下的东西，顺其自然就可以了。

还是拿那位女性朋友举例，她的丈夫总是回避冲突，触发她的不安感受。她试图让对方做出改变，但对方的行为已成定式，短期内很难调整。如果我们遇到类似的事情，可以问自己以下三个问题。

- 为什么这件事对我的影响如此之大，它引发了我的哪些情绪？
- 对于这件事，我能控制的部分有哪些？
- 如果事情永远不能改变，要怎么做才能好好生活下去？

第一个问题可以帮助我们看清自己真实的情绪。愤怒的背后，往往隐藏着恐惧和脆弱。

第二个问题可以将我们拉回理性层面，而不是任由自己在情绪的泥潭中越陷越深。合理分析事件本身，有助于我们找回力量感。

第三个问题是让我们做好心理准备——如果这件事情永远无法按照期望发展，我们该怎么做才能好好生活呢？

渴望掌控感的人的内心是很柔软的。我们需要在面对外界的惊涛骇浪时，赋予自己力量。我们可以闭上眼睛，试着对自己说："没有关系，我已经尽力了。其他事情我无法左右，一切就顺其自然吧。"

然后睁开眼睛，手臂环绕，抱一抱自己。

体面地表达愤怒，勇于对不合理说"不"

之前看中国台湾作家林奕含的《房思琪的初恋乐园》，其中有这样一句话令我记忆犹新："忍耐不是美德，把忍耐当成美德是这伪善的世界维持它扭曲的秩序的方式，生气才是美德。"

书中的女主人公，13岁的房思琪，被补习老师李国华诱奸。在忍耐中逐渐长大的她，备受反思与自我拷问的煎熬，最终崩溃，选择结束了自己的生命。而书本之外，这本书的作者，也是女主人公原型的林奕含，则选择将自己的伤痛公之于众，以愤怒的口吻讨伐龌龊与罪恶。她用

生命在告诉我们："忍耐不是美德，愤怒才是！"

我们常听到一句话："忍一时风平浪静，退一步海阔天空。"但总是这样压抑愤怒，打落牙齿往肚子里吞，真的好吗？

房思琪式的悲剧不会在每个人身上上演，但忍耐的委屈却有不少人在暗暗背负。

我曾去某个单位演讲，在演讲结束后，一位女士找到我。她面带微笑，整个人看起来很好相处，但我从这微笑中竟看出了几分勉强。她对我说："墨多老师，我好像活了一肚子委屈，从来不敢说'不'。"

在生活中，她是丈夫口中的贤妻良母，加班到晚上七点，回到家后便忙不迭地套上围裙洗手做羹汤。她不是没产生过抱怨与期待，但丈夫理所当然的态度让她只能将情绪搁置一边；在公司里，她做了十多年的基层员工，新来的小领导比她年轻八岁，总是把更难、更重的活儿交给她干，对她说："韩姐，您这是能者多劳。"这些，她也都忍了下来。

好脾气的她，几乎从不发火。人们总说"爱笑的人，运气不会太差"，但她的好运气似乎全都湮没在了隐忍中。我们身边不乏这样的女性，她们看起来温温柔柔，笑容满面，仿佛对什么事都没有意见，但其实日子过得并不顺心。

不会愤怒、没有攻击性的人，是缺乏生命力的。

弗洛伊德的本能理论认为，攻击性是人的天性，每个人都有表达愤怒的需要。攻击性不会消失，只会以不同的形式呈现，不懂得释放愤怒的人，可能把气都撒给了自己。就像这位女士，她未曾与丈夫协商，也不敢与领导商讨，可每到深夜却焦虑得辗转难眠。**她丢掉了"愤怒"这一颗带有活力的种子，无法捍卫自己的权利。**

为什么表达愤怒会如此困难呢？

我问那位女士："你为什么不敢当面说'不'呢？这是你本该有的权利。"

她想了想，告诉我说："很奇怪的是，有些事情在刚发生时我并没有察觉到自己的愤怒，只是觉得隐隐的不适，而在事后想起时，才惊觉自己应该说'不'。"

不会愤怒的人，也许是情绪颗粒度较大，没有察觉愤怒的能力。我们从小受到的教育告诉我们要与人为善、待人有礼，因此，愤怒这种能力逐渐被我们束之高阁，久而久之，我们对愤怒情绪的感知也变得模糊起来。

在重拾愤怒的能力，学会对不合理的要求说"不"之前，我们先要了解一下愤怒的类型。

心理学家将愤怒分为三种类型。第一种是被动攻击型愤怒，当面表示顺从与理解，但在实际行为上表现出不配合、不作为，用隐蔽的方式暗暗表达自己的不满；第二种是爆炸型愤怒，被情绪主导，以贬损、攻击、嘲讽的方式伤害他人，用攻击别人来保护自身；第三种是自信型愤怒，由理性主导，能坚定地提出自己的意见和需求，以直截了当的方式和尊重信任的态度，保护自己和他人的权益。

被动攻击型愤怒是一种隐藏的愤怒，表面上的与人为善与暗暗的不配合、不作为的做法和态度之间的差异，会让人感觉到有一丝虚伪；爆炸型愤怒造成的伤害显而易见，这种愤怒往往会对关系造成毁灭性的打击；自信型的愤怒则比较理性，在保护自身权利的同时也不至于伤及对方。**"有一种教养，是不含敌意的坚决"，这句话能很贴切地描述自信型愤怒。合理表达情绪，用坚定的语气表明自己的立场，不仅不会激起对方的怒气，还会赢得尊重和**

平等。

　　愤怒没有那么不堪，它是从你心底发出的声音，是你内心的力量。

愤怒，是你最直接的自我保护

　　那么，我们该如何重拾愤怒的能力呢？

　　经常压抑愤怒的人，内心往往淤积了很多委屈，这些委屈就像一座火山，不知何时便会喷发。淤积的委屈越多，人越是要耗费精力去压抑自己。

　　想要一下子做到"不含敌意的坚决"，是一件很困难的事。我们应该先试着从识别自己细微的不愉快开始。

　　前文中的女士对我说，她的丈夫爱吃夜宵，经常夜里十二点把她叫起来让她做夜宵。一次两次，这位女士虽觉得不太愉快，但认为自己可以忍耐，而这种小小的忍耐在心中不断积压，便成了满腹牢骚，最后一下子爆发出来，搞得对方不知所措。

　　因此，我们应该先觉察自己内心微小的不满，并及时表达出来，不要给它越积越多的机会。我们可以尝试在别人对我们提出无理请求时，先不要急着答应，停顿几分钟，观察自己的反应，多与自己对话，避免落入习惯性顺从的陷阱。

比如，这位女士在丈夫要求她做夜宵时，可以问自己以下问题。

- 被叫起来做夜宵，我的真实感受是什么？
- 我答应他的请求，是出于什么原因？是为了回避冲突，还是因为爱？
- 如果他继续逾越边界，经常这么做，我应该怎么办？

诸如此类的提问，可以帮助我们捕捉内心细微的情绪，提升辨别情绪的能力，让内心的感受与外化的语言、行为保持一致。

表达愤怒是一种需要学习的能力，我们刚开始察觉自己的愤怒并试图表达不满时，也许会经历一个"爆发期"，不知道怎样做才是适度的。面对自己的失控，我们要对自己持理解和包容的态度，告诉自己"出现这样的情况是因为我压抑了太久，这是合理的释放"。慢慢地，我们就能听清自己内心的声音，学会不含敌意地表达自己的坚决。

用情绪砂纸打磨我们的情绪颗粒度，别再让"懂事""善良""好脾气"成为我们隐忍的枷锁，拥抱愤怒，轻松生活。

第五章

自渡：逐光而行，
活出你想要的模样

心理学家大卫·西伯里（David Seabury）曾说："所谓活得好，其实是接受原本的人生、接受原本的自己、接受原本的结果，抓住机遇做自己力所能及的事，并满足其结果。"总有一天，当我们将目光从外界转移到自己身上，关照自己的感受，专注于自我成长与发展，不再执着于追求求而不得的东西时，我们会发现，那些曾经梦寐以求的，正在一点点向我们靠近。

爱自己，为自己而活

一些来访者本身就是心理学爱好者，在与他们的交谈中，我常常听到一些耳熟的疗愈词语，其中被提及最多也最让人困惑的，当数"爱自己"这三个字。

王尔德说："爱自己是终身浪漫的开始。" 近年来，大众对"爱自己"的口号与行为推崇备至，但很少有人清楚什么是真正的爱自己。

培玲第一次来到咨询室时，全身各处都在"诉说"着愁苦。她的眼神黯淡，左手手腕上贴满了缓解腱鞘炎疼痛的膏药，身侧背着一只硕大的"妈咪包"，为照顾孩子而设置的手机闹铃从一进门就开始响个不停。培玲告诉我，她是一位快 40 岁的全职妈妈，有两个女儿，老公负责赚钱，培玲则在家照顾一家子的饮食起居。

她说，结婚后的日子飞快流逝，她过 37 岁生日那天，一个人坐在沙发上直到零点。她突然发现，如果抛开"母亲"和"妻子"的身份，她根本不知道自己是谁。

从那天开始，她一边阅读心理学文章，一边自我探索，并逐渐意识到，人要先认识自己，学会爱自己，生活才会有声有色。但要怎么爱自己呢？培玲依然很迷惑。

培玲跟随网上的一些教程帖子学习，每天对着镜子说："我真棒，我是最优秀的，我一定能行！"就这样日复一日，坚持了 30 多天。然而，她并没有如愿以偿地爱上自己，反而越来越怀疑：我真的很棒吗？我真的做什么都能行吗？这是不是一种自我欺骗呢？

在我看来，培玲的内心充满了疑惑和冲突。虽然她已经是两个孩子的妈妈了，但最需要养育的，其实是她自己。

爱自己，是不对自己说谎

培玲一只手托着下巴，眼睛盯着办公桌的角落，似乎在思考什么。大概过了半分钟，她转过头与我对视，眼睛湿润，缓慢地说："我好像并不那么喜欢自己，我不想对自己说谎。"

上周五，培玲在陪大女儿练琴的时候累到睡着了，直到女儿合上琴盖，她才猛然醒来。与此同时，客厅传来了小女儿的哭声。她既没有陪伴好大女儿，也没能照看好小女儿。

一阵自责突然涌上心头，培玲实在忍不住，就躲到卫生间里大哭了起来，她仿佛变回了 30 年前那个手足无措的小女孩。培玲对女儿们的事情很上心，大女儿的生活起居、学业、兴趣班，小女儿的营养、睡眠状况、早教……她无不尽心，她实在太想成为 100 分的妈妈了。

每当实现不了内心的目标时，她就会被深深的无力感侵袭。培玲在内心埋怨自己："没有事业，也不赚钱，为什么连带孩子都带不好？"她被这种自我谴责的声音包围着，根本无法做到真正的爱自己。

培玲之所以无法坦然地爱自己，是因为她对自己的爱，是有很严苛的条件的。培玲认为，只有成为一个完美的妻子、完美的母亲，才值得被爱。其实，如果我们要想做到真正爱自己，无须自己方方面面都做到完美，反而可以直视那些做不到的地方。用"自我关怀"的方式对待自己，像对待自己的女儿一样对待自己，可以在心里想：**如果我的女儿现在遭遇了失败，我会怎样鼓励她、安慰她呢？**

学着以温柔的方式善待自己，不单单是对自己说"我很棒""我很优秀"，而是要允许自己做不到。将自己当作孩子，即使我们作为一个女儿不那么优秀，也依然值得最饱满的爱意。

我让培玲继续对着镜子与自己对话，只不过要把内容变成："我知道，你非常爱这个家。没有人是完美的，你已经尽最大的努力了。"

爱自己，是对自己负责

随着与培玲对话的逐步深入，我对她的生活经历有了更全面的了解。

在回归家庭前，她是一家教育咨询公司的运营主管。

她以前总是能从节节攀升的数据和良好的用户反馈中获得价值感。今年是她成为全职妈妈的第三年，从前的价值感慢慢消散，她的内心感到越来越不安。

培玲会从朋友圈里看到前同事们的生活，有人晒自己的钩针手作，有人痴迷于侍弄花草，也有人坚持在职场上打拼，大家各有各的色彩。反观自己，所有的时间都被两个孩子占据。虽然两个孩子活泼可爱，给生活增添了不少甜蜜，但培玲依然感到恐慌，不知道除了家庭赋予的身份，自己还能是谁。仿佛"培玲"这个名字正在逐渐消失，只剩下"某某的妈妈""某某的老婆"这类没有独特性的称谓。

培玲对我说，在当妈妈前她也是个爱玩的小女孩。她从小眼馋弟弟的轮滑鞋，工作后拿到工资的第一件事就是给自己报了一个轮滑课；她喜欢爬山旅行，便呼朋唤友，周末夜爬泰山，在山顶等着看日出，感叹自然的壮美。

"现在回过头来看看当时的自己，真是个充满生命力的小姑娘。谁知道现在，生活过成了一潭死水。"

艾瑞克·弗洛姆（Erich Fromm）说："爱不是一种感受，还是一种积极的努力，其目的是爱的对象的幸福、发展和自由。"培玲将自己的爱全部倾注在了孩子和丈夫的身上，为他们的未来而努力，却在不知不觉间忽视了自己。

虽然从短期看，沉浸在妈妈、妻子的角色中，可以暂时不考虑个人的发展，不用随着社会的发展而不断学习，也无须处理复杂的人际关系。只需安心陪伴女儿成长，见证丈夫的成功，就是一种幸福。但女儿总有一天会独立，丈夫的爱与耐心是否持久也无法保证，将自己的生活与他人完全联系在一起终究是不理智的。

爱自己，就要对自己负责。不贪恋当下的舒适，培养自己的爱好，学习一种技能，培养自己独立存在的能力，**温柔且有力量地与这个世界交手**。

为自己而活

大概在第五次咨询后，培玲的情况有了一些好转。她的眼神不再黯淡，年轻时的活力再次出现在她的身上。我给她提出了一些小建议，帮助她重新爱上自己。

第一，只做 60 分的自己。

心理学家唐纳德·温尼科特（Donald Winnicott）曾提

出"60分妈妈"的概念，他认为，**一个事事力求完美的妈妈，会让孩子体会到难以承受的控制欲。"60分妈妈"则能够认识到自己的不完美。她们接受这种不完美，并愿意与孩子共同成长。**

"60分"，是一种"刚刚好"的松弛状态。"60分妈妈"既能保持对孩子的关注，也没有忘却自我，会把自己的感受放在第一位。

举个例子，孩子在练琴，而你感到困倦无比。这时的你是选择强撑着困意陪练，还是选择小憩一会儿呢？如果你是"60分妈妈"，你完全可以选择先照顾自己，去睡一会儿，让孩子自己练习。这时，孩子会感受到来自你的信任，你也不必委屈自己，悄悄累积牺牲感。

当然，不光是妈妈如此，所有的女孩都可以学着接受60分的自己。因为人从来不是因为完美而可爱，而是因为敢于做自己才惹人喜欢。

真实，比完美更有力量。

第二，给自己留出专属时间。

不光是培玲，在繁忙的日常生活中，很多人专属于自己的时间都被无限压缩了。但不管生活多么密不透风，我们的灵魂都需要喘息的空间。我们可以试着每天找出一到两小时的时间，放下手机，沉浸式享受一项爱好。可以是许久不碰的水彩，感受笔尖划过画纸的粗粝感；可以是滑板，感受风吹过耳朵时的温度；也可以是制作一种既美味又诱人的甜品，被包裹在烤箱飘出的阵阵香气中。

周轶君女士在参加圆桌派时说："焦虑的反义词是具体。"如果你对当下的生活不满，对自己不满，找不到爱自己的感觉，就从具体的小事开始做出改变。关注当下，享受属于自己的每分每秒。

第三，对自己有耐心。

爱自己，就要对自己有耐心。**一朵花从播种到开放尚且需要时间和不知疲倦地灌溉，不同的花也有各自的花期。在成长的过程中，请试着忘记"结果"，体验"过程"，感受生活本身的美好。**

也许你一时间画不出一幅美丽的图画，也练不出健美的身材，这都没有关系。**你想要的结果都藏在时间里，会随着一次次练习，慢慢地反馈给你。**

爱自己，从来不是一句苍白的口号，是为了自己持久的幸福，积极而持续地努力。

重塑自我，走出原生家庭的羁绊

作为一名心理咨询师，在多年的职业生涯中，我帮助过很多深受原生家庭影响的来访者。来访者亚男的经历既特殊又典型，给我留下了非常深刻的印象。

亚男第一次来到咨询室的那天，缓缓地向我讲述了她前半生的故事。我听着她的讲述，眼前逐渐浮现一个小镇女孩的成长史。

亚男出生在北方农村，是家中长女。"你是我们家老大，要承担起照顾弟弟妹妹的责任，学习上也绝对不能输给别人家的孩子，家里还指望着你呢！"被贫穷催促着长大的亚男，一边学习，一边还要照顾弟弟妹妹。她每天穿着表姐不要的旧布鞋、一条已经褪色的破裤子，必须绕远先送弟弟妹妹上学，再飞奔去自己的学校。亚男对我说，她总是卡在铃声响起的那一刻才气喘吁吁地推开教室的门，自然就成了老师经常批评的对象。

就这样日复一日，亚男渐渐长大。她无数次看到父亲因为生计发愁而辗转难眠，母亲偷偷躲在墙角抹泪。亚男便明白，她必须尽快成长为独当一面的大人。于是，她发愤图强，努力学习，终于在高考时取得了理想的成绩，考上了大学。

多年来，父母因为忙于生计，对亚男的关心非常少。原生家庭的情感缺失，让亚男时常感觉很自卑。在高楼林立的城市里，在熙熙攘攘的人群中，她总是低头走路，扮演最不起眼的那一个。毕业后的亚男，进入了一家外企。在工作中，她也总是小心翼翼，不敢表达自己的想法。

一个健康的原生家庭，能让我们在内心搭建起安全堡垒；而一个无法给予我们温暖的原生家庭，就需要我们后天付出更多的努力，去自我养育。

我们不能改变过去，但可以改变过去的意义

最近几年，"原生家庭"这个词越来越频繁地被提及。我发现，有两种观点特别鲜明：一种观点是把原生家庭当成"背锅侠"，觉得自己当下出现任何问题，如情绪问题、亲密关系问题、职业发展问题等，都是因为原生家庭；另一种观点是，把一切问题的出现归咎于原生家庭是逃避责任的借口，只有自己才能对自己的人生负责。

这两种观点都有其片面性。但我们若要对自己的人生负责，还真不能绕过原生家庭这一重要课题。

原生家庭，就是我们出生和成长的家庭，这种早年的生活经历对我们的一生往往会产生很大的影响。我们对自己的认识、对世界的看法、对待关系的方式，都与原生家庭密切相关，在原生家庭中形成的各种观念往往也会伴随我们一生。

虽然大部分人在成年后都会离开自己的原生家庭，但他们在心理上却很少能够摆脱原生家庭的影响，实现真正的成长和自我实现。而原生家庭概念的提出，并不是为了让我们把自己的问题都归咎于父母或者养育人，它是为了

让我们清楚地了解自己是如何发展成现在的自己的。

原生家庭带来的创伤，是很多人一生难以逃脱的桎梏。但也有一些人，能够很好地摆脱原生家庭的困扰，拥有更加美好的生活。我相信，**虽然我们没有能力改变过去，但我们可以改变过去的意义。已经发生的事情是不可逆转的，但是我们可以改变对过去事情的看法。**

我看过一部纪录片，讲的是一个从大山深处走出来的女孩，通过奋斗取得了成功。如果她整日抱怨自己的家庭条件不好，父母提供不了太多支持，她因此吃了很多苦，本也无可厚非。但她始终微笑着说，正因为家庭贫穷，她才知道自己要更加努力，要靠自己过上更好的生活。

任何事情的存在都有其意义，关键是我们怎么去看待这些事情。如果我们一直用消极的眼光去看待，那么事情就要多糟糕有多糟糕；如果我们用积极的眼光去看待，那么在坏事中也能发掘出有利于我们的东西。正如顾城所说，**"黑夜给了我黑色的眼睛，我却用它来寻找光明"**。

成长是一个与事实对抗和融合的过程。人的一生总会经历许多伤痛和遗憾，那些无法改变的事实，或许会给我们带来失望和悲伤，但它们也是我们成熟的催化剂。当我们不再抗拒，而是接纳事实的存在时，就会发现内心的力量，获得平静。

过往的经历无论怎样，都是生活的一部分。在接纳和理解的过程中，我们会逐渐找到前行的方向。

原生家庭的超越指南

原生家庭是一面可以照见自我的镜子，在镜中，我们能看到真实的自己。超越原生家庭是一个重要且必要的过程，它可以帮助我们摆脱早期经历的影响，实现真正的成长。超越原生家庭并不意味着我们要切断与原生家庭的联系，或者一味地否定原生家庭。相反，**超越原生家庭意味着我们要与原生家庭和解，即在保持自我独立的基础上，与原生家庭建立一种更加健康和平衡的关系。**

要想超越原生家庭，我们需要做到以下三点。

第一，了解原生家庭。

我们可以通过与父母或其他亲属的交流了解原生家庭，包括父母的成长、婚姻、工作等方面，这样可以帮助我们理解他们的价值观和行为动机，以及他们对我们的影响。

第二，与原生家庭和解。

我们可以通过心理咨询、冥想练习等方式帮助自己与原生家庭和解，不再反复思考原生家庭到底给自己带来了什么样的伤害。这样可以帮助我们消除内心的怨恨和愤怒，使内心恢复平静。

第三，进入新的圈子。

那些能够超越原生家庭的人通常坚信自己可以不受原生家庭的影响，靠自己创造新的生活，这种信念感很重要。

脱离原生家庭，进入一个能够给自己赋能的圈子，可以让我们在良好的人际关系中重塑自我。

《你当像鸟飞往你的山》的作者塔拉·韦斯特弗（Tara Westover）曾针对家庭和亲密关系说过这样一段话：**"你可以爱一个人，但仍然选择和他说再见。你可以每天都想念一个人，但仍然庆幸他已不在你的生命中。"**超越原生家庭的过程可能会很漫长，因为它涉及我们与父母之间深层次的情感和信任。但是，唯有如此做，我们才能不断滋养自我，获得身心成长。

坚持本心，找到属于自己的旋律

城市的霓虹灯在夜的深邃中亮起，它们闪烁的光芒如同交响乐的音符，那么动人，那么多变，轻盈地跳跃在每个人的视线中。

在这个灯火通明的都市中，每个人都宛如一把独特的吉他，他们的心灵，便是吉他上的琴弦。有时琴弦被生活的风轻轻拨动，奏出悠扬的旋律；有时琴弦则被命运重重击打，发出低沉的乐音。但更多的时候，这琴弦发出的声音是模糊的、混乱的，仿佛被世界的嘈杂声影响，找不到属于自己的旋律。

　　我经常暗自思忖：如果心灵的琴弦可以被调音器调整，那么人生又会是怎样的旋律呢？

杂乱的音符

　　前段时间，我去邻居家做客，闲聊时她无意间说起自己的女儿枫晔最近的精神状态很差。以前的枫晔，下班后会兴致勃勃地约朋友出去玩，体验各种各样的娱乐方式。但现在，无论是下班还是周末，她都只是躺在床上发呆，连手机都不看了；每天眼睛直勾勾地盯着天花板，整个人死气沉沉的。

　　我见过高中时代的枫晔，那时的她，虽然学业压力大，但嘴里总是哼着歌，一副欢呼雀跃的模样。怎么几年不见，就变成了现在这样呢？我关心地问道："这种状况持续多久了？她是一直都打不起精神、不爱与人交流吗？"

　　邻居说："快半年了。她之前不是这样的，她以前什么事情都愿意尝试，插花、健身、打网球……恨不得把自己的空闲时间全都安排满。但不知道怎么一下子就变成了这副死气沉沉的样子。"邻居的声音越来越小，最后不禁叹了一口气。

我一时间也没有找到头绪。但得知枫晔就在房间里，我提出去看看她，和她聊聊天，也许在对话中能找到答案。

邻居同意了。

我敲了敲枫晔房间的门，门微微打开，从门缝中却没有看到一丝光亮。进入她的房间后，我发现桌上摆满了花花绿绿各种品牌的化妆品。与此形成鲜明对比的是，她那如同钢琴黑白琴键般毫无生气的脸庞。

"枫晔，最近还好吗？"我轻声地问。

她点了点头，然后就回到椅子上呆呆地坐着，没有任何想要主动说话的意思。

我接着说："小晔，你没有想要出去玩，或者找点事做吗？"

"都玩过了，没什么意思。"她的语气非常平静，像是在客观描述他人的事情一般，不带任何情绪。

"你是说之前那些健身、打网球之类的活动吗？"我继续追问。

她懒洋洋地点头承认，但仍没有要回应我的意思。我和她之间仿佛隔了一道隐形的门，我被持续地拒之门外。但可以大致确定的是，她现在的内心中有个深不见底的洞，找不到乐趣和热情来填满，她整个人的生机渐渐地被这个洞吞噬。

她的房间宛如她的内心，落满灰尘。花瓶里早已经没有艳丽的鲜花，瑜伽垫被搁置一旁，以前经常用的网球拍也与杂物一起堆在了角落里。这样的场景仿佛在宣告：一切都无所谓，一切都那么无聊。

她内心的五线谱早已被涂抹干净，连半个音符都没有留下。

无声的琴弦

房间光线昏暗，我与枫晔的这次聊天似乎即将无果而终。就在此时，房间角落里的一把被擦拭得一尘不染的吉他引起了我的注意。我的思绪被带到了几年前，那时的枫晔像一只活泼的云雀，走到哪儿都带着歌声。从心底迸发出的对音乐的热情，是那么纯粹。

"这把吉他，是你的吗？"我试探性地问。

枫晔的眉毛微微挑起，轻声地"嗯"了一下。虽然她的表情没有太大变化，但有一瞬间，她挺直了腰板。

"那你会弹吉他吗？"

"弹过，也没意思。"她的声音微微颤抖。

"嗯，但我观察到这个房间里只有这把吉他是一尘不染的。如果你不喜欢它，为什么会经常擦拭它呢？"

听完我的话，枫晔的话匣子终于被打开了，一字一句像月光一样流淌出来。枫晔告诉我，小时候的她，一有空就会拿起吉他，自学各种歌曲。但是，她的父亲认为这样的业余爱好不能当饭吃，她需要一份真正能赖以维生的工作。于是，每当枫晔弹奏吉他时，父亲总会大发雷霆，阻止她。长此以往，她的热情被不断打压，最终选择放弃了自己真正喜欢的事情。

她一下子说了很多，仿佛要把之前被压抑的情绪全部释放出来。

我轻轻地问："你还记得当初学吉他的感觉吗？"

她抬起头，似乎是被我的问题打动："那时的我，对音乐充满热情。但每次被父亲责骂，我都觉得自己的选择是错的。我也不敢再说自己热爱弹吉他了。"

她的这句话触动了我，我判断她现在正处于认知失调的状态。美国社会心理学家利昂·费斯廷格（Leon Festinger）对"认知失调"下的定义是：当个体心理上存在两种对立的认知时，为了缓解由此带来的紧张与不适，个体通常会选择采取一些方法来追求心理上的平衡。

枫晔在热爱音乐和父亲的反对之间，体验到了认知失调。这种失调来自两种对立的认知：一种认知是，她热爱音乐并能从音乐中找到乐趣；另一种认知是，父亲的态度让她认为音乐是一种不切实际的追求，她觉得自己的选择是错误的。

为了缓解心理上的不适感，她放弃了弹吉他，以避免与父亲发生冲突。对现在的枫晔来说，她的心中深植了一个观念：对音乐的追求，远远比不上一份"正常"的工作。

我们相对无言地坐在那里，房中一片寂静。

过了一会儿，我望着她，轻轻地说："**无论何时，你内心的旋律都不应该沉默。它是你的灵魂之歌，永远都应该被听见。**"正如琴弦断后换了新的仍能继续弹奏，我们

人生路上遗失的旋律也总能再次响起。

在那一刹那，仿佛时间停滞了片刻，只有我们两人与那把吉他共同编织着未完的歌谣。

琴弦的复音

我打算用正向反馈循环法来帮助枫晔重新寻回自己的热爱。所谓正向反馈循环法，是指通过不断地给予正向反馈帮助枫晔自我强化，让她有勇气重拾对音乐的热爱。

那天之后，我与枫晔约定每个周末我都去她家，和她一起弹奏那把沉寂已久的吉他。

初次，我们只选了一些简单的曲子。试弹了一会儿，枫晔便越来越熟练，手指开始在琴弦上飞舞。周围的空气似乎跟随着音乐躁动起来，每一次琴弦的振动都像是心跳，越来越有力，越来越强烈。那些被埋藏的、破碎的记忆像是音符，一一跳跃出来，组成了枫晔心中的乐章。

仅仅是简单的尝试，枫晔就得到了极强的正反馈。她露出了久违的笑容，又连续弹奏了好几首曲子。

没过几周，枫晔的进步显著。她还主动加入本地的音乐社团，与其他热爱音乐的年轻人交流与合作。在热情、友好的环境中，他们彼此鼓励，彼此肯定。枫晔得到的正反馈越来越多，对音乐的热爱也越来越强烈。

在伙伴们的鼓励下，她一边弹着吉他，一边颤抖着声音，为父亲演唱了一首她自己创作的歌。

那首歌，记录了她的成长、她的挣扎，还有她的爱。每一个音符都是她内心的声音，那么真实，那么感人。在歌声结束时，她的父亲眼眶泛红，他终于明白了女儿对音乐的热情，也体味到了她曾经的痛苦。

自那天起，枫晔不再蜷缩于房间的角落，父亲也开始鼓励她。夕阳下，他们会共同在阳台上弹唱。父女的互动如同音乐中的和声，虽然旋律不同，却构成了最和谐的乐章。那个曾经否定枫晔爱好的人，终于给枫晔送去了最大的肯定。

心中的音乐，那些深藏的旋律是不能被遗忘的。当挫折与困难像错音一样出现时，只要我们坚持本心，终会奏出最动听的乐曲。

战胜"约拿情结"，不惧成长

在公共区域的办公桌与同事们交流时，我总是不自觉地把目光投向咨询室。一间小小的房间，却承受了无数来访者的纠结、痛苦和释然。在晓鸽和我面对面交谈之前，我先看到的是她在门口逡巡的身影。她似乎下了很多次决心，才最终推开了门。这让我不禁疑惑，这个女孩会有什么心结呢？

晓鸽坐在我的对面，两只手握在一起，纤细的十指紧扣着，睁大眼睛望向我，困惑地说："老师，我觉得自己就像走在一条混混沌沌的路上，似乎哪里出了问题，但左看右看，又找不到症结所在。"

我们的话题就这样缓缓展开，沿着晓鸽的成长轨迹慢慢回溯。说起自我评价，晓鸽自嘲，她说自己平时还不错，在大家眼里也算优秀，却总在关键时刻掉链子。比如，她上学时英语成绩很好，但是在学校推荐她参加全市的英文演讲比赛时，她找借口推辞了。后来，在电视上看到同班同学代替她参加了比赛并获奖了，她心里很不舒服，还偷偷哭了鼻子。她想，那个站在领奖台上的人，其实应该是自己。

填报高考志愿时，她握着笔犹豫了好久，最终没有填报自己心仪已久的学校，改填了一所比较普通的大学。其实她的分数足够让她进入她心仪的学校。晓鸽说，她永远忘不了那个下午，想到自己努力了这么久，依然没有勇气填报自己心仪的学校，她再次泪流满面。

我插了一句："你不是说自己的成绩一向很好吗？报志愿时为什么要退而求其次呢？"

晓鸽咬了咬下唇，说："我不敢相信自己真的能考上那么好的学校，也担心好的学校竞争太激烈，自己没有办法跟上学习的节奏。索性求个稳妥。"

现在的晓鸽，已经大学毕业三年了，在一家银行工作，一直以来工作都比较稳定，前一段时间她却突然有了跳槽的冲动。原因是，她的一个同事跳槽到了一家小银行，不仅涨了薪资，还直接晋升为主管。她心里很不服气，觉得自己的能力丝毫不比那个同事差，只是缺少一个机会。

没想到，机会很快就来了。一家银行设立分行，进行招聘，待遇和发展空间都比她现在所在的银行好。朋友引荐了她，对方领导见了她之后也颇为满意，希望她能尽快到岗。但谁都没想到的是，她在几天之后做出了一个令人费解的选择——放弃这次难得的机会，仍然留在原单位继续工作。

因为这件事，晓鸽还和父母吵了一架。父母不理解她的决定，她指责父母干涉她的生活和选择。

纵观晓鸽这些年的经历，无论是上学时对比赛的逃避、填报高考志愿时的退却，还是工作时对新岗位的放弃，都不是偶然发生的情况。这背后是否有什么值得探讨的心理现象呢？

约拿情结——人不仅害怕失败，还害怕成功

在生活里，有晓鸽这种经历的人为数不少。说起来，谁都渴望成功，没有人喜欢失败。但每个人的内心，在害怕失败的同时，隐约还存在着对成长和成功的恐惧。这也印证了著名的心理学家亚伯拉罕·马斯洛（Abraham Maslow）在《人性能达的境界》中提出的"约拿情结"。

传说，约拿是一位先知，他的内心一直渴望得到神的重用。某天神终于给他安排了一项重要的使命，他却开始东躲西藏。后来，约拿虽然圆满完成了任务，但他还是把自己隐藏了起来，不让人们纪念他，将众人的目光引向了神。马斯洛用约拿指代那些渴望成功，却又因为某些内在阻碍而害怕成功的人。简单地说，约拿情结是一种对成功恐惧、对自身伟大之处恐惧的心理。这种心理导致人们不敢去做自己本来能做得很好的事，不敢开发自己的潜力。

约拿情结的基本特征就是逃避成长、拒绝机会。这是一种阻碍自我实现、阻碍自我价值验证的心理，它使我们既自信，又自卑；既渴望成功，又无所作为。如果约拿情结得不到及时解决，发展到极端就是"自毁情结"。

我们为何会掉进约拿情结的陷阱

人类的心理是复杂而奇特的，约拿情结这种复杂的心理现象是如何形成的呢？

从某种意义上说，约拿情结的产生与人在成长过程中的文化背景有关。在集体主义文化中，低调是一种安全、稳妥的做法，甚至是一种美德。所谓"枪打出头鸟"，主动表现自己的人，很有可能会被人讨厌，甚至招惹事端。很多人习惯了隐藏自己的真实个性和需求，去迎合主流的观点和行为方式，如此也就放弃了自己成长和成功的可能性，最终流于平庸。

可以看出，约拿情结的本质是恐惧。这种不敢成功又不甘平庸的心理，常常会把人拖进自我消耗的泥沼。

你是否曾经也像晓鸽一样，面对自己朝思暮想的目标，却在距之一步之遥的时候落荒而逃，事后又无限懊恼？

你是否也希望自己在职场上拥有一份精彩，获得更高的职位和薪资，却因为担心自己无法接受挑战，因而选择继续在舒适区里蜷缩？

世上没有跨越不了的事，只有逾越不了的心。勇敢的

人，才会生出隐形的翅膀，逆风飞翔。

逼自己一次，一生无悔

我们该如何勇敢地追求荣誉、成功、幸福呢？战胜约拿情结，走向自我实现，其实只要三步就可以做到。

简单第一步：消除防卫心理。

当我们在向自己渴望的目标靠近，却产生了逃避的想法时，就是我们的防卫心理发生了作用。我们试图给自己建立一个内心的安全区，然后躲进去。这时，我们需要做的是识别自己的防卫心理，敞开心扉，然后鼓起勇气消除防卫心理。这么做必然是痛苦的，因为安全区的外面是未知的世界，但是这么做也是值得的。正所谓"不破不立"，只有打破内心的桎梏，才能真正实现心中的目标，拥有想要的生活，而不是一生都在压抑梦想，埋葬激情。

自我实现第二步：向能力高度发起冲击。

生命是一个连续不断的过程，在人生无数次的选择中，如果我们每一次都选择勇敢地向前迈进一步，哪怕每次都只是小小的一步，都将汇聚成我们人生中的一大步。

战胜约拿情结就需要这样的一步又一步。

归根结底，约拿情结就是缺乏勇气向自己的能力高度发起冲击。人有时还是要自己逼自己一次，久而久之，我们会发现，曾经畏惧过的东西都是那么渺小和微不足道。少点内心戏，专注于自我成长与自我实现。**在时间的复利之下，我们终会获得人生最珍贵的礼物。**

积极进取第三步：铸刻你的成功印记。

有人说，机会就是时光之流中发光的一刹那。当那道光芒像舞台上的追光一样照在我们身上的时候，如果我们能大胆地展示自己，顺势而为，常常会有事半功倍的效果。因此，与其臣服于眼前的苟且，不如放手一搏。释放内心的能量，跑起来，别让生活在原地打转。战胜心中的约拿情结，我们会遇到心心念念的另一种可能。

当我们放下恐惧，愿意去体验和经历时，急流勇进的快意会丰盈我们的人生，让我们闪闪发光。

亲密又独立，拥有最好的关系

听老一辈人讲，他们那时候比较新潮的娱乐方式就是去舞厅跳舞。灯光昏暗，舞姿翩跹，年轻的男女在一进一退中增进默契，培养感情。

亲密关系，就像一段双人舞，一进一退、一个转身、一个甩头，都需要密切配合。许多人渴望无言的默契，但最终还是要经历痛苦的磨合。

来访者小柔，曾以为自己找到了那位天生合拍的舞伴。

结婚后的前两年，小柔的婚姻生活理想到了极点，丈夫对她极尽宠爱。午夜十二点，小柔突然想吃榴梿，丈夫二话不说，换好衣服跑了六家水果店才终于买到了一颗榴梿，回家后又一房一房剥好喂到小柔的嘴里。

丈夫的疼爱，让小柔有一种被宠成小孩的错觉。结婚后的第三年，小柔便辞掉了月薪六千元的工作，回家当起了全职太太。

没有了工作的牵绊，也没有什么社交活动，小柔越来越沉浸于二人世界。丈夫去上班的时候，她喜欢看直播，在直播间给丈夫买东西，市面上新推出的剃须刀、运动手表、篮球鞋……她都会为丈夫添置。每天最期待的事情，就是等着丈夫回家拆开快递，观察他的反应。

然而，甜蜜短暂，梦幻的泡泡一吹就破，一切都将回归现实。

家里少了小柔的那份收入，但开销并未削减。尽管在直播间买东西用的是小柔自己的积蓄，但丈夫似乎也并不认可小柔的做法，直言经济上很有压力，希望她多储蓄，为双方的未来考虑。

在金钱焦虑的驱使下，丈夫一头扎进事业里，也顾不得小柔了，三天两头加班、应酬。晚上回家后，他就瘫倒在沙发上休息，对小柔的态度也变得十分冷淡。

强烈的对比使小柔陷入了深深的自我怀疑：是不是我没有魅力了？是不是他不爱我了？她一遍遍地问丈夫，想要弄个明白。但丈夫就像一堵冷漠的墙，拒绝沟通。他对小柔说："你能不能成熟点？别总像个小孩！"

在婚姻这场双人舞中，小柔和丈夫已不再合拍，脚步凌乱。小柔依然想和之前一样依赖丈夫，谁知对方早已变换了舞步，独留小柔自己在风中凌乱。

有多少人和小柔一样，在关系这场双人舞中，当对方变换舞步时，自己无法适应对方变换的舞步，逐渐跟不上节奏呢？

习惯"共生"的人，其实是在找父母

在婚后初期的相处中，小柔夫妇的关系是照顾者与被照顾者的关系。伴侣无微不至的照顾，唤起了小柔内心的缺失，让她产生了这样一种错觉：原生家庭没有给足的爱与关怀，可以从这个人身上获得。她开始渴望一种共生式关系。

共生，是一种边界不清的状态，一切都像模糊的一团。共生式关系中存在两组心理矛盾：付出与剥削，控制与服从。很多种人际关系，都带着共生性质。比如，亲密关系、工作关系，而家人关系更是将共生体现得淋漓尽致。

匈牙利病理心理学家玛格丽·马勒（Margaret Mahler）将婴儿出生后 2 ～ 6 个月这个时期称为"正常共生期"。此后的共生，都是病态共生。

所谓共生式关系，是指关系中的一方，渴望成为关系的中心，在关系中被当作孩童，被关心、被照顾，而希望另一方能一直扮演父母的角色。两人不分你我，没有界限。

被照顾者的心中有一个关于完美伴侣的幻想，幻想照顾者能始终将自己放在第一位，满足自己的一切需求。然而，这样的幻想是不现实的。在这个世界上，除了父母，几乎不存在其他能够持续无条件付出的人。

健康的亲密关系，应当是两个成人的共舞。两个人随着节奏变换，一起调整舞步，从而达到一种和谐，而不是一方不断迁就另一方。

小柔夫妇在共生式关系初期，如胶似漆，一切都很美好，在丈夫无微不至的照顾之下，小柔彻底放弃了独立，迷失了自我。但一段时间过后，激情退却，一切回到原点，爱情也回归现实。

显然，在他们的双人舞中，照顾者已悄然变换了舞步，而被照顾者不想接受现实，还在等待照顾者的带领。一朝大梦初醒，被照顾者便会产生强烈的被抛弃感。

沉溺于共生式关系的人，看似在婚姻关系中占据上风，备受宠爱，实则是将自己放在了被动的位置上。他们执着于从关系中另一方的回应和反馈中，感知自己人生的价值和意义，一旦对方没有给予他们理想的回应的反馈，他们便会陷入无助的境地。

而关系中的另一方，在共生式关系初期看似很爱对方，什么都为对方着想，任对方予取予求，实则是用一种隐蔽的方式，对伴侣施以软性控制，使其在甜蜜的陷阱中失去方向。健康的爱，不应当是将对方宠溺成孩子，而是应该陪着对方一同成长，让对方成为独立且自信的个体。

真正稳固的关系，不应是照顾者与被照顾者的关系，而应是两个势均力敌的舞者的关系。他们不仅拥有独舞的能力，也能在双人舞中互相指引、配合，根据音乐的节奏、对方的状态，不断调整自己。

好的关系，应当亲密且独立

沉溺于共生式关系的人，该如何重新找回自我呢？

我和小柔共同探讨，从关系与现实、认知与行为的角度找到了三个方法。

第一，放下"爱是一切"的执念，接受"爱会流动"的事实。

在感觉到对方"不爱"的时候，我们应该承认发生这种情况的合理性。**因为，爱不是一个发生即永恒的事件。**再亲近的两个人，也有互相不想理睬的时刻。恒久不变的爱与亲密要建立在共同进步、相互扶持的基础之上。

在之后的相处中，小柔面对时而冷漠的丈夫，不再一味焦虑不安，而是学会了体谅丈夫的不容易。她打算回到职场，学习更多的知识与技能，找到亲密关系之外的人生价值与意义。

第二，将注意力转移到两个人的共同成长上，构建一段可持续的关系。

一段高质量的爱情，不在于彼此含情相望，而在于两个人望向同一个远方。很多人都容易陷入一种误区，执着于搞清楚对方是否爱自己。实际上，我们需要的是将注意力转向自身。增添一项工作技能、阅读一本书、培养一些兴趣爱好，都可以使自己的内心丰盈，提升自己的核心竞争力。

小柔意识到了这一点，她决定与丈夫一起为两个人的未来持续不断地努力，为自己的小家添砖加瓦。

第三，做一个"敢于拥抱现实的理想主义者"，承认金钱在亲密关系中的重要性。

在我经手的咨询案例中，有很多关系中的矛盾都与金钱有关。小柔夫妇就是如此。小柔的依赖心态使得她一心想着当下的幸福，完全不考虑经济问题，而这样的做法却引发了丈夫的焦虑情绪，夫妻之间的关系也逐渐疏离。

金钱虽是很多争端的源头，但它也可以成为解决争端的帮手。

我建议小柔与丈夫共同建立一个储蓄账户，并确立一个和金钱相关的短期目标，比如，一次国外旅行、添置一件大件家具、重新粉刷家里的墙壁……

因为是共同账户，所以双方都需要为账户里的金额负责，见证它的增减。这样，不仅会减少小柔的丈夫付出多、不平衡的感受，还能让习惯依赖的小柔主动担负责任，且二人会因共同的目标而连接得更加紧密。

在咨询结束后，小柔渐渐理解了丈夫的金钱焦虑和内心的不安，也明白了他对两个人未来的期许，她和丈夫开始一起学习理财，记录花销。小柔的丈夫看到小柔的改变，也变得放松了很多，整个人不再那么紧张，夫妻关系也自然而然地亲密起来。

在双方的配合与彼此的让步之下，爱情成为他们创造理想生活的动力，小柔夫妇的生活也越发温馨。

"爱欲于人，犹如执炬逆风而行，必有烧手之患。"很多人觉得，爱应当如熊熊燃烧的火，但若执着追求火的热烈，就会有烧手的祸患。**真正的爱，应当是恒久的温柔。火不热烈但持久，且需要两个人共同守护，为它遮风挡雨。**

婚姻，是两个舞者的相遇，二人既可以合舞，亦可以独自旋转。我们需要走出幻想，把自我成长放在第一位，学着对自己的人生负责，而不是将一切寄托在另一半身上。因为，永远不会被夺走的，是我们成熟的灵魂、拥有的能力与内心的坚韧。

希望每个女孩，在婚姻关系中都能 **"有勇气离开，有理由留下"**，跳好这支双人舞。